首饰金工基础

JEWELRY
MAKING
TECHNIQUES

曹超婵 ◎ 编著

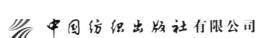
中国纺织出版社有限公司

内 容 提 要

本书首先对首饰从古至今及从西到东的发展演变作一个简单梳理，引导读者用不同的眼光和角度看待传统与当代。中间部分是本书的重点，从工作区域的认识、安全意识的强化、工具和设备的配置，到手工起版、金属结合、肌理实验，帮助读者掌握金工的基础技法。另外从线材片材到首饰产品，其中包括各种工艺技法和实践机会，引导大家进行有趣的探讨。最后在前面的基础工艺上进行总结和自我观点及情感的表达，从而完成首饰设计的综合实践，也是一个循序渐进、持之以恒的成果体现。

本书从基础入门、案例丰富、图文并茂，适合珠宝首饰专业师生、设计师、工艺师以及广大珠宝首饰爱好者阅读参考。

图书在版编目（CIP）数据

首饰金工基础／曹超婵编著. ——北京：中国纺织出版社有限公司，2020.6

ISBN 978-7-5180-7450-1

Ⅰ.①首… Ⅱ.①曹… Ⅲ.①金属—首饰—制作 Ⅳ.①TS934.3

中国版本图书馆CIP数据核字（2020）第085258号

策划编辑：谢冰雁　　责任编辑：郭慧娟
责任校对：江思飞　　责任印制：王艳丽

中国纺织出版社有限公司出版发行

地址：北京市朝阳区百子湾东里A407号楼　邮政编码：100124

销售电话：010—67004422　传真：010—87155801

http://www.c-textilep.com

中国纺织出版社天猫旗舰店

官方微博http://weibo.com/2119887771

北京华联印刷有限公司印刷　各地新华书店经销

2020年6月第1版第1次印刷

开本：787×1092　1/12　印张：12

字数：110千字　定价：69.80元

凡购本书，如有缺页、倒页、脱页，由本社图书营销中心调换

序

本书是一本关于首饰工艺与制作的教材，是笔者对多年来首饰金工基础教学的整理与归纳，其中工艺涉及材料、工具、设备及设计等，对于初级学者来说都是必须掌握的知识和技法，也希望能为读者在首饰制作方面提供一些帮助。

第一章对首饰从古至今、从西到东的发展演变做了一个简单的梳理，希望引导学生用不同的眼光与角度看待传统与当代，理解不同的形态背后都会有时代、制度、风俗等因素的催化与推进，才能最终形成当代缤纷多彩的首饰文化，溯其源方能更好地设计。

第二章是课程的重点，也就是从实践角度引导学生掌握基础技法。从工作区域的认识、安全意识的强化、工具和设备的配置到手工起版、金属结合、肌理实验，教学生如何认识金属的物理属性到化学变化，从线材片材到首饰产品，其中包括了太多的工艺技法和实践机会，不同的力度、不同的厚薄、不同的手法往往会产生很多艺术的可能性，而这些将成为十分有趣的课题值得大家持续地去探讨。

第三章为综合实践，也就是在前面的基础工艺之上的总结和自我观点、情感的表达，是一个自由展现的创作阶段，也是一个循序渐进、持之以恒的成果体现。

在课程教学过程中，存在一个明显的特殊性，就是该课程的手工性、创造性、实践性，手工艺品传递出人性的温度，交织着情感、文化、个性等多重维度，演绎出工业产品所不具有的文化审美价值。因此，手、工、艺也分别指手工、技术、艺术，三者相辅相成，缺一不可。

一是"手"，我们经常能看见老手艺人，手上布满裂纹伤痕，这样的手虽是表象，"心灵手巧""十指连心"这些词却能体现出手与心的关系、手与思维表达的关系。思维、想法指导着手，手的反复训练也不断提高磨炼人的意识，从而达到"心手随变，体悟合一"的境界。

二是"工"，即工艺、技术，也包括工具、设备，工艺与美术最大的不同就在于美术是为了欣赏而做的作品，而工艺则是为了实用。技术的掌握需要设计者日积月累的熟悉与感悟，个体对技术的理解、运用的差异都会导致手工艺的个性化。我们经常能看见一些老师傅，坐在一张老旧的工作台前，前面摆放的锤子、錾子、剪刀都用了很多年，这些旧物不断地与手与人发生支配和从属的关系，也会出现手工与工具所占比例的关系，这些都是实践过程中十分有意思的问题。

三是"艺"，艺术的问题，其实是有关美学、哲学的问题，手和工之上最重要的问题是审美，有什么审美就会有什么作品。古人说，三分画七分想，所思所想会指导手，进而明确要选择什么料、什么工和什么技术，这是一个不断磨合、思考、前进的过程。审美是长期积累的结果，也是环境与个性交流的体现；思维主宰着人的行为与动手能力，也引导着人的选择。设计师不仅要学习专业知识，还要了解其他领域，如文学、绘画、音乐、艺术史等，提高自身眼界。

《首饰金工基础》这门课程是浙江理工大学服饰品设计专业首饰设计方向的专业基础课程，提出将传统首饰艺术的观念融入当代手工创作，通过不断的实践，探索首饰艺术的创新理念。目前该校首饰设计方向的手工艺教学课程主要由史论类课程群、技术工艺类课程群、设计类课程群和专题类课程群四个板块构成，要求学生从造型和色彩基础训练开始学习，逐渐掌握专业技术、熟悉工艺流程，同时融合史论、设计构思、技术工艺等课程，最后在专题类课程上得以应用。

史论课程群主要包括中西方服饰艺术史、材料与艺术、服饰美学、基础设计等课程，以帮助学生掌握理论知识，全面系统地梳理首饰发展脉络，从材料、造型语言等方面解读首饰艺术，积累大量的经典范式为今后创作做准备。

工艺技术课程群主要包括服饰品绘画、计算机辅助绘画、金属工艺基础、金属铸造基础、宝石镶嵌、珐琅材料实践、首饰工艺制作等课程，培养学生的动手能力，独立完成从设计稿的绘图到作品的制作过程，通过多次手工艺实践练习，提高学生的创作水平。首饰的表现形式有手绘与计算机辅助设计，手绘可以通过效果图的形式快速记录灵感与想法；计算机绘图有平面和立体之分，Photoshop、Adobe Illustrator等软件常用于平面结构的绘制，犀牛软件（Rhino）则用于

产品的三维建模，其优势在于精确性、可复制性和直观性，可以实现产品快速成型。技术与工艺是首饰设计的必要手段，基础工艺主要有锻造和铸造，课程要求学生掌握各类工具仪器设备的应用方法与技巧，运用手工探索首饰工艺的切割、捶打、焊接、雕蜡、镶嵌、珐琅等工艺，并制作出产品，鼓励学生通过不断的尝试、探索、分析、实践与总结，获得更为直观的感触。

设计类课程群包括首饰设计构思、首饰形态表达、首饰专题设计、服饰创意项目与实施等，该阶段是融合个人审美、手工技艺、思维模式的综合时期，是对前期各种阶段学习的一个融合性、拔高式的综合训练，意在深化拓展学生的理论知识和专业技能。此外，建议学生定期参加各类手工艺展览与讲座，聆听国内外手工艺大师不同的声音，接触各类不同的艺术工作坊，如漆艺、陶艺、油画、玻璃、皮革等专业的课程项目。希望学生不再将设计首饰当作独立的技术工艺实践、设计绘画练习，而是从中寻找到属于自己的表达语言和思考方式，这也是学生将知识点转化为专业成品的

一个设计成长期和自信建立期。

专题类课程群主要由贯穿大四学年始终的社会实践课程与毕业设计构成，教学目标不只是知识系统或者是技法的传授，而是学生根据自身对生活、社会、材料等方面的理解产生多元化的创意思维，结合多种工艺进行不断的实践，做到敢想敢用的综合实现。实践课中，学生从选题到实物制作，需凭借个人的审美能力以及生活积累所产生的灵感制作出最终的手工艺成品，这是一个较为漫长的过程，需要具备较强的独立性和思考能力方可完成。毕业设计是高校人才培养的重要环节，它对提高学生的创新实践能力、知识的综合运用能力、科学写作能力等方面具有其他教学环节无法替代的作用。在实践课程与毕业设计教学过程中，教师应当引导学生设计制作出立足现实需要、紧密联系社会生活的产品，使其朝着专门化和市场化的方向发展。

首饰金工基础是一门包罗万象、千姿百态的课程，能使初学者通过反复的切割、锉磨、焊接等技法，亲历许多失败、成功，最终实现造物目的，这其实也是不断磨炼内心的过程。

作者
杭州　西湖
2020年3月

教学内容及课时安排

序号	章节	课时（小时）	课程内容
1	第一章　首饰概论 Introduction	理论 /4 课外 /4	1. 发展简史 History 　　1.1 中国古代金银首饰 Traditional jewelry 　　1.2 西方首饰 Western jewelry 2. 品类与特征 Category and characteristic 　　2.1 商业首饰 Commercial jewelry 　　2.2 艺术首饰 Art jewelry 　　2.3 概念首饰 Concept jewelry 3. 材料与工艺 Metal and craft 　　3.1 材料 Material 　　3.2 工艺 Craft 　　3.3 当代创新 Contemporary innovation
2	第二章　金工基础 Metal techniques	理论 /8 实践 /24 课外 /32	1. 工作区域 Workshop 2. 基本技法 Basic techniques 　　2.1 常用工具 Basic tools 　　2.2 化料 Molten 　　2.3 压片 Rolling 　　2.4 拉丝 Drawing 　　2.5 切割 Cutting 　　2.6 锉磨 Filing 　　2.7 精修 Finishing 3. 金属加热 Heating 　　3.1 退火 Annealing 　　3.2 淬火 Quenching 　　3.3 焊接 Soldering

序号	章节	课时（小时）	课程内容
2	第二章　金工基础 Metal techniques	理论 /8 实践 /24 课外 /32	4. 金属成形 Forming 　4.1 弯折成形 Bending forming 　4.2 凹面成形 Concave forming 　4.3 球的成形 Spheroid forming 　4.4 环的成形 Ringlike forming 5. 表面肌理 Decoration 　5.1 压片肌理 Tabletting texture 　5.2 敲打肌理 Tapping texture 　5.3 刮削肌理 Scrape texture 　5.4 肌理的综合实践 Comprehensive practice of texture 　5.5 肌理转化实践 Practice of texture transformation 6. 宝石镶嵌 Stone setting 　6.1 包镶 Bezel setting 　6.2 爪镶 Prong setting 　6.3 蜡镶 Wax setting
3	第三章　综合实践 Comprehensive practice	理论 /4 实践 /24 课外 /28	1. 主题创作实验 Thematic creation practice 2. 传统转化实验 Traditional transformation practice

注　各院校可根据自身的教学特点和教学计划对课程时数进行调整。

目录
CONTENTS

第一章
CHAPTER ONE

首饰概论
Introduction

课题名称：首饰概论 Introduction

课题内容：1. 发展简史 History

2. 品类与特征 Category and characteristic

3. 材料与工艺 Metal and craft

课题时间：8课时

教学目的：使学生了解首饰艺术的起源和发展脉络；

了解贵金属的材料特性和工艺种类

教学方法：理论知识讲解与多媒体课件播放

教学要求：掌握中西方首饰出现的不同特征和风格演变；

通过对材料工艺的认识，能识别不同工艺的特征

"首饰"一词始于明清时期，主要指头部饰物，后由于戒指的发展大大超过了其他品种的发展，又因"手"与"首"同音，因而戒指等"手饰"也被统称为"首饰"。目前国内传统的对首饰的定义为：首饰是指佩带在人体上外露部分的特殊装饰物。

在西方，由于1899年在巴黎的一场首饰设计大赛中出现"首饰"概念的混乱，因而导致金银首饰行业中对"首饰"一词做了重新定义：Jewellery includes bijouterie，joaillerie and orfevrerie。其中"Bijouterie"意为：jewellery esteemes for the delicacy of the work than the value of the materials。即精美的工艺价值超过本身材料价值的首饰，也就是工艺品。

1. 发展简史 History

关于首饰的起源，有许多种说法，包含了劳动说、巫术说、性吸引说等，也反映出首饰起源的多元化。北京"山顶洞人"所制造出的串饰，是我国目前所发现的最早的首饰，它们出现的时间距今大约1~2万年前左右。进而推测出首饰是从石器发展而来的说法，原始人打造石器的时候，会保留锋利的那一块，用来打猎或者杀戮，为了能佩戴在身边以便随时取用，会找一根绳子挂在身上，如脖子、手腕等处，这就是原始的"首饰"。人类进入文明社会以后，这种为追求美化而用服饰品装饰自身、为炫耀财富和身份象征而穿金戴银的潮流，势不可当。

从原始时期的工具到中世纪的装饰首饰、从手工作坊到批量生产、从服装配件到独立的艺术品，首饰的发展与社会形态、经济基础、人文风俗、流行时尚、科学技术等因素紧密相连。

1.1　中国古代金银首饰
Traditional jewelry

今天能够看到的早期首饰遗存，以骨贝、玉石为主，金银首饰十分稀少；春秋战国时期开始出现金银马具和带具；直到两汉，金银首饰才逐渐丰富，开始出现簪、钗、步摇、华胜、耳珰等首饰的分类。南北朝时期，由于游牧文化的渗透，首饰的材质、形态、品类也发生了变化，新的形制如步摇簪、钗、耳坠、臂钏、戒指等出现并服用于当时的百姓，金属锻造、镂刻、金珠粒等工艺也逐渐普及。

中国社会科学院文学所研究员扬之水先生说唐代是金银首饰的繁盛期，细工技艺也得到迅速发展。据《唐六典》记载的就有十四种工艺，分工细致，应用广泛，"凡教诸杂作工……限四年成""细镂之工，教以四年"（《新唐书·百官志》）。"细镂"指镂鍱、镂刻，成为唐代技艺最主要的特点，发展至明扩展为累丝镶嵌技艺体系。随着"丝绸之路"的开展，西方金银器、锤揲、金粟技艺（焊珠技术）输入，极大地推动了中国首饰技艺的精细化发展。

唐代妇女喜高髻，晚唐《髻鬟品》所列女子发髻的名称里有高髻、假髻等，还有珠翠妆点、簪钗挽发，因此唐代出现许多金银饰片及折股钗的样式，兼具装饰功能与实用功能，图案则取自生活题材，唐代周昉《簪花仕女图》中就可见发髻后面插戴花树钗的样式。湖州市长兴县下莘桥唐代窖藏出土的花瓣头银钗、花纹银钗、素面银钗等（图1-1），成为南宋折股钗的样式来源，钗头两股弯折处略成圆弧状，实心，上面錾刻花纹，花枝下缠绕菱角形和鱼形垂饰，有步摇之意，形制与浙江省临安市玲珑街道康陵出土的五代越国鎏金镶玉簪首十分相似。另有宴饮用具等生活用品之

图1-1 湖州市长兴县下莘桥唐代窖藏花树钗

类，有摩羯纹、火焰宝珠纹、双鱼纹、花纹装饰的银匙，其中的摩羯绕火焰宝珠嬉戏图案与佛经有关。此外，唐代民间私营金银作坊增多，商品交易的形成推动技艺的生活化、民俗化倾向。

宋代是古代服饰文化发展的辉煌时期，头髻冠饰和簪钗梳篦也是千姿百态，体现了宋时女子雅致情趣的生活方式。如《都城纪胜》中记："如官巷之花行，所聚花朵、冠梳、钗环、领抹，极其工巧，古所无也。"《武林旧事》说："都民士女，罗绮如云，盖无夕不然也。"服饰及冠饰普遍采用珠翠、闹蛾、玉梅、雪柳、菩提叶、灯球、销金合、

蝉貂袖、项帕……南宋金银冠饰所用材料有金银、玛瑙、绿松石、琥珀、珍珠、红宝石、玻璃、螺钿等，几乎用尽了唐代可能用到的所有装饰材料；同时金银制作工艺水平也到达了一个新的高度，包括铸造、捶打、金珠、掐丝、镶嵌等，其中金银镀金、金银打钑作等更是成为新工艺的代表。元朝丞相脱脱曾说："不惟靡货害物，而侈靡之习，而耻营生。"可见北宋女性消费的奢侈之风。唐代镂刻技艺的发展已十分成熟，从典型的花树钗样式可窥见金银首饰技艺的面貌，在宋代这种样式打扮仍得以延续。从出土首饰来看，簪钗形式多样，有花筒簪、花头簪、并头簪等，运用片材打作，卷作花筒状（圆锥形）、锥菱形、如意形、钻石形等立体几何样式，并辅以镂刻，如江苏省金坛市尧塘镇西榭村银器窖藏的花筒簪（图1-2）和银鎏金人物故事纹花头桥梁钗（图1-3）。

宋元民间金银制作业已经十分发达，且产品流布四方，贸易渠道很是通畅。南宋时吴自牧的《梦粱录》卷十三"团行"中有所提及，

图1-2　江苏省金坛市尧塘镇西榭村银器窖藏出土的银镂空花筒簪

图1-3　江苏省金坛市尧塘镇西榭村银器窖藏出土的银鎏金人物故事纹花头桥梁钗

金银首饰每以"时样"为供求双方所追逐，式样的传播和流布更因此常常跨地域、跨时代。宋元金银首饰中最常用装饰题材有牡丹凤凰、二龙戏珠、瓜瓞、荔枝、石榴、桃实，以及蜂采花、蝶赶菊、满池娇等，都带着吉祥喜庆的色彩，似乎也在昭示着它的用途。可见宋元时期，金银首饰逐渐商品化，且走入了民间。

明《世事通考·首饰类》列出若干名目：鬏髻、金丝髻、掩鬓、压发、坠领、网巾圈、挑心、分心等，从这些名目中所知，明代首饰品类繁多，定名和插戴方式较前朝更加细化，金银细工技艺趋于鼎盛。宋元时期的簪钗装饰尚只是缩微的花鸟图、人物画，明代却可以妆成一个袖珍的舞台扮演连台本戏，更不必说紫蝶黄蜂、花须柳眼尽做成鬓边春色也。同时明代的累丝技艺大为盛兴，主要体现在两个方面：一是鬏髻的出现，细丝编结技艺发展极致，使金银本身变得柔和轻盈，利于空间塑造；二是累丝造型物化，技法多样，更有衬托玉石之用，如临海王士琦墓出土的累丝首饰（图1-4）。明代嵌宝技艺的发展使金银首饰向珠宝首饰转变，丰富了首饰的形式和色彩，宝石品类繁多。嘉靖时，《明史》卷八十二"食货六"中就有相关记录，"有猫儿睛，祖母碌，金刚钻，朱蓝石，甘黄玉等无所不购"。金银首饰上见到的宝石多数只是随形打磨，没有切割，镶嵌方式有包镶、爪镶、闷镶等。

明代是金银细工技艺的鼎盛期，首饰品类增多，体型相对丰满，图案比重扩大，纹饰结构繁密，到了清代则更加推向极致。明代释道题

图1-4　临海王士琦墓出土的鬏髻和金镶宝荷叶小插

材、士大夫文化、奢侈之风盛行，也使首饰的题材更广泛，技艺手段更多样。

穿珠点翠是清代金银首饰的重要特色之一（图1-5），虽然"翠"字很早即用于描摹首饰之样态，如金翠、翠羽、翠爵、翠翘、翠钗等等。魏晋南北朝诗歌中已是翠色一片，然而此际之"翠"毕竟何物，似难以实物作为确证。宋元时代，结珠铺翠作为一项工艺，渐成日常

图1-5　清代点翠嵌宝石花蝶纹钿子

话题。南宋日用小百科《碎金·艺业篇》中二十七部"工匠"条下就列有"垒珠""铺翠"。金银首饰的嵌宝之风兴盛于元代，在明代宫廷首饰的制作中，珠宝已是与金银平分秋色；到了清代，却是珠宝唱了主角，而用作陪衬的金银除却累丝便是点翠，于是色泽不再彰显，因此除戒指、手镯之外，金材银材的使用以金为少、银镀金为多。西洋工艺带来了珠宝加工技术的跃进，令珠宝的使用竟也如同金银，即用攒作的方法为花卉、草虫造型，装饰繁复，成为清代首饰的主要特色。

总的来说，唐以前首饰是从粗制工艺到精细工艺的演变，宋至清时期则是从以金银材料为主的首饰慢慢向珠宝首饰过渡，形态纷呈，色彩缤纷，嵌宝、点翠等工艺的发展创造了首饰的新面貌。近代首饰从属于工艺美术的范畴，也成为出口创汇的媒介之一，发展迟缓。到了当代，首饰迎来了新的局面，东西文化的交融、科学技术的创新、人文思想的解放使首饰呈现多元化发展的趋势。

可见，首饰是随着人类文明进程的推进而诞生并发展的，因此总是同社会风气与文化氛围密切相关。论及社会史、生活史、经济史，作为财富与艺术合一的金银首饰，也是不可忽略的组成部分。名称、造型、纹饰，本身一应琐细中的含蕴之外，更有着观念史、风俗史之种种因素渗透其间，聚珍时尚便是它最为鲜明的标记。

1.2　西方首饰
Western jewelry

（1）古代首饰

西方历史上的苏美尔文明、古埃及、古希腊、古罗马都创造了辉煌的古文明，从文献记载中可以看出，首饰的出现与发展伴随着人类的发展过程，并起着重要的作用。从考古上看，苏美尔的黄金制品种类繁多，技艺高超，如"公山羊与树""普阿比女王（Pu-abi nin）的头饰"，这些黄金和天青石的组合，展现出惊人的金工工艺。

古伊特鲁里亚(Etruscan)人是熟练的水手、商人，他们的财富基于矿地的开采，留存下来的大多艺术品多发现于墓地中（图1-6）。那时艺术家制作的艺术种类也极具多样性，从小件首饰到大型雕像，还有一些艺术品用到了珍贵的稀有材料，如动物牙齿等。伊特鲁里亚的祭祀仪式拥有极大的权利和威望，甚至在之后被罗马文化征服后也丝毫未减弱。与中国传统一样，他们视死如生。随葬品一般是死者生前的所用之物，女性的通常为纺纱织布工具、装扮的首饰等。即便如今，意大利托斯卡纳地区的很多珠宝设计师也会从伊特鲁里亚时期的首饰设计中汲取灵感。

文艺复兴时期，随着绘画雕塑水平的提高，首饰也变得更加立体化，设计主题上频繁出现人体以及人物形象。人体元素成为当时首饰艺术家感兴趣的主要对象，常常被直接运用在首饰款式中。此外，"海上冒险家文化"的兴起，以及探险家们的故事使得船、海怪、美人鱼等元素被首饰工匠们频繁使用（图1-7）。海上交通的便利也促进了贸易的发达，首饰造型得以包罗万象、变化万千，材料也变得更加丰富多元；同时宝石贸易的发展提升了首

图1-6　出土于意大利拉兹奥（Palestrina）地区的伊特鲁里亚时期项链

图1-7　文艺复兴时期首饰

饰的价值。

18世纪末工业革命的爆发，标志着西方手工艺设计向现代艺术设计转型的开端。这一转型过程大约延续了一个半世纪，期间经历了"艺术与手工艺运动""新艺术运动"以及以"包豪斯"为代表的"现代主义运动"等几个关键性的发展阶段。17~19世纪西方的首饰设计一直徘徊在新古典主义与形形色色的复古风潮之间，这种情况在"新艺术"运动出现后得以改观。"新艺术"风格首饰与以往珠宝设计的一大区别，就是"工匠型首饰"转化为了"艺术家型首饰"，以材质、工艺见长的作品逐渐被富有艺术性的设计作品所替代。随着勒内·拉里克（René Lalique）

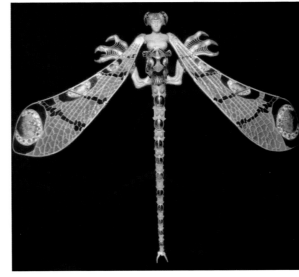

图1-8 勒内·拉里克的珠宝作品

（图1-8）、亨利·韦弗（Henri Verver）、查尔斯·迪罗西尔（Charles Desrosiers）、卢西恩·盖拉德（Lucien Gaillard）等一批法国首饰设计大师的竞相崛起，西方首饰设计迈出了走向近代化的步伐（表1-1）。

（2）当代首饰

当代首饰的发展已经不再局限于贵金属的材料范畴，金属材料也不再作为首饰价值衡量的唯一要素，

表1-1 西方首饰艺术进程

年代	艺术进程	首饰风格
公元前7000年~公元前146年	原始艺术	石器时代、青铜器时代、苏美尔首饰、埃及首饰、古希腊首饰、伊特鲁里亚首饰、凯尔特首饰、古罗马首饰
公元前146年~19世纪60年代	古典艺术	中世纪首饰、日耳曼首饰、伊斯兰首饰、拜占庭首饰、哥特首饰
		文艺复兴首饰、巴洛克风格、乔治亚风格、洛可可风格、新古典主义、维多利亚风格
19世纪60年代~20世纪60年代	现代艺术	工艺美术运动、新艺术运动、爱德华七世风格、装饰运动、20世纪30—50年代首饰
		现代艺术早期首饰、包豪斯首饰、超现实首饰、波普首饰、欧普首饰
20世纪60年代~20世纪80年代	后现代艺术	当代艺术首饰
20世纪80年代至今	当代艺术	

原有的身份变得模糊，边界也在不断地拓展重叠，从传统首饰到现代多元化面貌，首饰与历史、文化、艺术的关系更为密切，设计师们从材料、工艺、观点等多方面不断探索与实践。当代首饰作为一门可穿戴的艺术，被看作是缩小版的雕塑，材料的开放和技术的不断前进，帮助首饰打通了艺术设计的大门，以多元化、科技化、个性化的方式与整个社会发生互动。

例如，英国当代著名的首饰艺术家简·亚当（Jane Adam），她的铝金属作品在国际上享有盛誉（图1-9）。铝这种材料传统上是与工业联系在一起的，亚当通过对色彩的创新应用使铝的表面发生了变化。铝被阳极氧化，使产品表面产生坚硬、透

图1-9 英国首饰艺术家简·亚当的作品

明的氧化铝层，这允许操作人员使用手工印刷技术来吸收染料和油墨，从而产生纹理标记的表层。亚当作品中的色彩是微妙而分散的，她常用紫色和黄色、红色和绿色等互补色的调色板，加上染料的细致运用，使作品呈现出很高的绘画性。

德国首饰艺术家特蕾丝·希尔伯特（Therese Hilbert），在苏黎世的舒尔盖斯塔顿被培训成为一名金匠。她对火山非常着迷，因为它们特殊的披风状外形包裹着难以控制的火山口，暗示着危险的不可预测性和不可抑制性，因此她的作品也常常呈现出这样的效果（图1-10）。在形态上就以火山为原型，在色彩上又与红色（代表火）和黄色（代表硫磺）以及黑色的凝结熔岩（嵌入许多灰色阴影中）相联系。

苏黎世艺术家奥托·昆泽里（Otto Künzli）革新了当代艺术首饰。作为一名创作者，昆泽里在尊重首饰其最初的功能——"身体的装饰"的同时，也在他从业的45年里坚持打破首饰界的规范界限，质疑首饰的传统制作材料，颠覆首饰在社会里的象征标志（图1-11）。

时代的变化、时尚产业的迅速发展成为首饰艺术摆脱以往偏见的契机，逐渐从以前的保守观念中跳脱，传统观念也得到了进一步的丰富和修正。以审美和创新为主旨的首饰设计成为一种新生力量，不奢华、不保值成为重点。创意设计师年轻化，以及设计界对环保的日益关注，都使首饰产生了一种新的设计语言、一种新的生活态度。这种语言对年轻一代来说更有价值，更容易获得认可。

图1-10　德国首饰艺术家特蕾丝·希尔伯特的作品

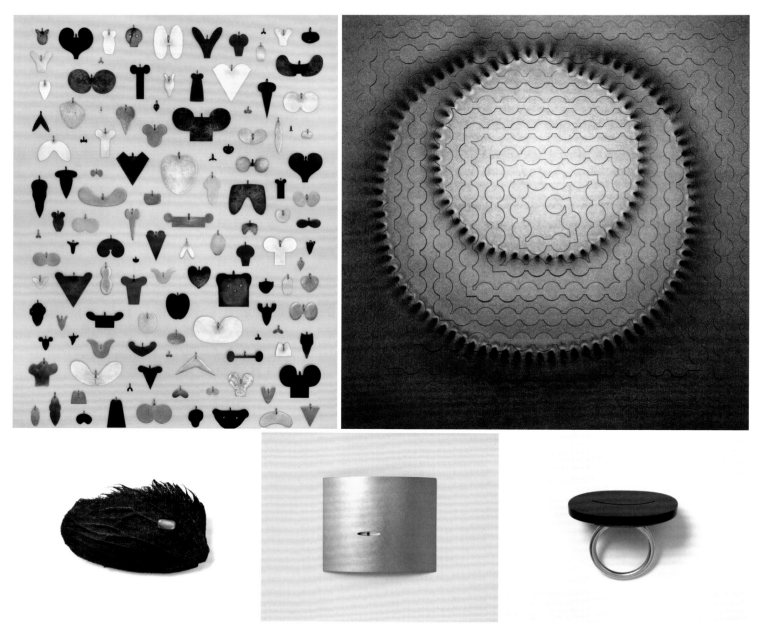

图1-11　瑞士首饰艺术家奥托·昆泽里的作品

2．品类与特征 Category and characteristic

一般情况下，首饰可以有以下几种划分品类的方法。

从西方对首饰的定义来看，可分为金银首饰、珠宝首饰及工艺品。

从材料来看，可分为黄金首饰、铂金首饰、银首饰，以及镶宝首饰、珍珠首饰和翡翠首饰等。其中贵金属首饰中又分为纯金（银）首饰和K金首饰；镶宝首饰中根据宝石的种类分为钻石首饰、红蓝宝首饰等。

从佩戴部位来看，可分为手饰（戒指、手镯等）、耳饰、项饰、胸饰、发饰等。

随着近些年首饰艺术的概念在国内日益广泛传播，逐渐形成了各种各样的称谓，如"首饰艺术""艺术首饰""概念首饰"；近年来更是流行冠以"当代"一词，如"当代首饰""当代首饰艺术"，还有"艺术珠宝""当代珠宝"，等等，不一而足。看起来关于首饰的称呼多样且显得不够严谨，但是稍加探究，便能发现这微小变化暗示着首饰艺术的侧重点发生着转移与变动，不再以材料价值作为衡量首饰的唯一标准，而是更强调"艺术性""当代性"等语境。

对首饰"艺术性"的强调，实际上是对创作者主体意识的强调，包括创作者对材料的审美和精神诉求、以首饰为媒介和手段进行的自由表达，以及个人的艺术个性、风格、品味和修养等。对于主体性的强调从历史上就可以找到原因，首饰艺术兴起于20世纪六七十年代的欧洲。第一批被称为首饰艺术家的创作者大都出生于二战前后，百废待兴，而且女性受教育机会增多，她们除了受传统的金匠训练，还有更多机会接受有关艺术设计的教育，并且受到抽象艺术、极简主义、观念艺术等现代主义艺术思潮的影响，深刻地坚信任何事物是可以被改变并且应当被改变的。因此，这一批以工艺训练为基础的首饰创作者从形式、材料、观念上，都有相应的探索，区别于过去匠人劳作都是隐姓埋名的旧俗，新一代的首饰匠人更意愿以工艺为主要手段进行自主表达，将主体意识、思考、态度和观念注入到作品中，追求个人化的

艺术风格，也慢慢形成了当代首饰艺术的创作氛围。

一直以来无论是对艺术性还是当代性的强调，首饰设计的创作对象、方法、呈现方式都体现出向外的拓展欲求和态势，创作者们不断试图突破传统首饰概念的界限。艺术的现代性和后现代性特征在首饰的领域并置和糅杂。一方面，创作者们从工艺和材料上不断地拓展和尝试，寻找新的视觉语言与样式，建立自己的艺术风格，并由此形成了视觉面貌多样的具体的首饰作品；另一方面，一些创作者乐此不疲地运用当代艺术的视角和方法，以跨学科的方式，如社会学研究、人类学研究、视觉文化、性别理论等文化研究的方法进行艺术实践，形成了与首饰有关的观念艺术作品。总之，各种路径都在寻求首饰边界的拓展与模糊。

2.1　商业首饰 Commercial jewelry

商业首饰即日常佩戴的、市场上流通的首饰，以商业和成本为最大的参考点，强调首饰的适配性。

这类首饰符合大部分消费者的审美需求，具有装饰性、实用性以及收藏价值等。商业首饰设计的目的是为了追求利润，维持企业发展，因此具有很强的社会功利性。其在设计上更多地考虑市场的需求，更关注大众的审美。此外，商业首饰满足了人与人之间的一种情感传递，除了满足审美上的精神需求，也适用于作为礼物的馈赠。

商业首饰的售卖渠道十分多样，根据不同的客群分线上与线下，线上主要是官网、淘宝、京东等平台直接对接消费者，线下主要以品牌直营店、集市、首饰展等渠道售卖

品牌产品及独立设计师作品等。例如，奢侈珠宝品牌卡地亚、梵克雅宝、宝格丽等；传统黄金首饰品牌老凤祥、周大福、周生生等；时尚首饰品牌潘多拉、APM Monaco、施华洛世奇等；独立设计师品牌YVMIN尤目、硬糖、CCHEN2G等。以杭州市场为例，银泰百货、杭州大厦购物城、嘉里中心、来福士等不同定位的商场分别售卖不同价位的首饰品牌；而设计师品牌多在集合店、展览空间或集市中可见，如31间堂集市、杭州壹向艺术空间、中国美术学院南山艺市等。

2.2 艺术首饰 Art jewelry

艺术首饰也称当代首饰，还有一种说法是艺术展示首饰。该类首饰抛开商业目的而以艺术表达为主，多考虑艺术性、工艺性和创新性，强调创意与个性，成为传递文化的物质载体（图1-12、图1-13）。如达利（Salvador Dali）的首饰充满了超现实主义的反叛和挑衅（图1-14），而亚历山大·考尔德（Alexander Calder）的活动雕塑作品，完全将艺术进行抽象化表现。

 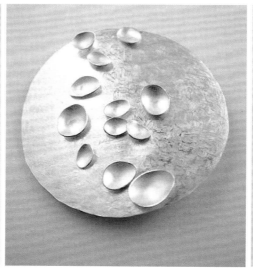 

图1-12　英国首饰设计师凯特·巴吉奇（Kate Bajic）的作品——重复、运动和层次感

图1-13 瑞典首饰设计师玛塔·马特森（Märta Mattsson）的知了胸针与项链

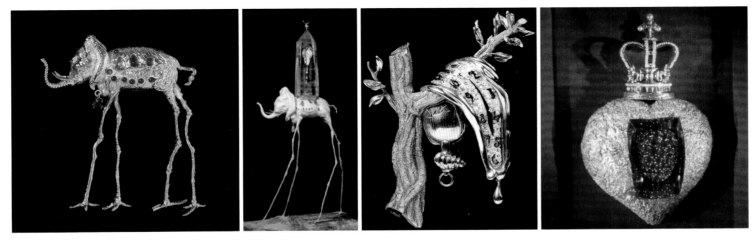

图1-14 西班牙艺术家达利的超现实主义首饰

2.3　概念首饰 Concept jewelry

概念首饰可分为三种类型：以情感和思维表达、人文和社会感受为主要目的的概念首饰；以探索新材料、新工艺、新手段为主要目的的概念首饰；以追求创新的形式美感与结构韵律为主要目的的概念首饰。

概念首饰没有形式的约束、没有材料的限制，设计师可以自由表达自我观点，利用一切可用之物，塑造被赋予情感、形式美学和力量的首饰作品，并在不断地寻找和发现新的审美与认知（图1-15~图1-18）。

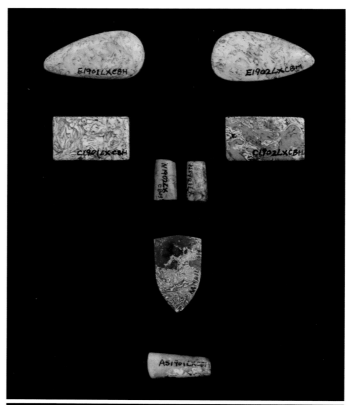

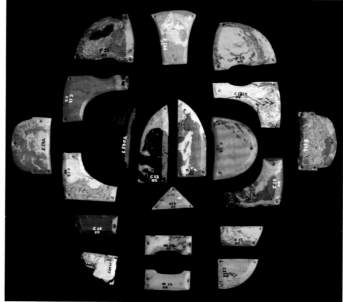

图1-15　中央美术学院教师刘骁的作品《不死的符号》

图1-16　德国金匠艺术家赫尔曼·荣格（Hermann Junger）的首饰作品

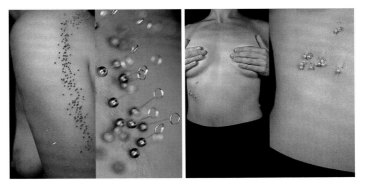

图1-17　美国首饰艺术家劳伦·安·卡尔曼（Lauren Ann Kalman）的作品

图1-18　爱沙尼亚艺术家塔内尔·维恩雷（Tanel Veenre）的作品

3. 材料与工艺 Metal and craft

3.1　材料 Material

日本著名美学家柳宗悦在《民艺四十年》一书中深度解读了手工艺的根源性问题，他认为"工艺源自于大自然所给予的材料。没有材料，就无工艺可言。工艺本无故乡，因其不同的种类、变化与趣味，才产生了不同的故乡"。随着社会经济的发展，首饰的保值功能逐渐减弱，装饰功能越来越强，首饰材料的选择不再局限于其价值是否高贵，而是根据设计的需要，选择最能表达设计主题和风格的材料。同时现代科学技术的发展，大量新型合金材料及人工合成材料的出现，给首饰设计提供了更多的选择。例如，钛金属和冷轧钢的出现很好地丰富了金属首饰的色彩；而绚丽多彩、晶莹透明的人工合成材料——压克力的使用让现代首饰更显光彩妖娆。

我们可将材料分为贵金属与非贵金属、宝石、半宝石、人造宝石及非传统材料等几大类。我国对传统首饰材料的使用局限在金、银等

金属，对24k金更是宠爱有加；西方人则更喜欢佩戴22K、18K、14K的金首饰。

（1）金（Au）

马克思说过"黄金实质上是人类发现的第一种金属"，古埃及、两河流域、南美洲都是盛产黄金的地区。在秘鲁境内，公元前5000年左右的工场遗址里发现了一些早期的金制品；在两河流域的美素不达米亚平原北部的高拉遗址中出土了一批产自公元前4000年前的环形和新月形金饰物。

金及其合金是首饰市场最为熟悉的贵金属材料，长期占据首饰市场的主导地位，其特点如下。

①金的比重较大（19.3g/cm³），熔点较高（1064℃），硬度较低（莫氏硬度2.5~3）。

②金的化学性质稳定，不易氧化，不溶于酸和碱，但溶于王水（硝酸：盐酸＝1：3）和氰化物，可以与汞氧化形成金汞齐（白色）。

③金的延展性好，适合于机械加工，现代工艺已能够生产2.3um厚的金箔和直径10um的金丝。

④金呈金黄色，稳定不褪色。

首饰制造中为丰富其色彩、增加硬度和耐磨性，常常加入其他的补口元素（铜、银、钴、钯等）以制成各种K金材料，大大丰富了黄金首饰的种类。一般而言，金的含量越高，金材料的可锻性和延展性也就越好。任何18K金的含金量都是75％，加入25％的银则成为绿色；加入25％的铜则成为浅红色；加入12.5%的银和12.5%的紫铜则成为玫瑰色；加入16.7%的银和8.3%的铜则成为浅黄色；加入5%的银和20%的钯，则成为乳白色。

⑤黄金（不论是纯金还是K金）都含有一些微量元素，如铁、铋、铅、锡等，易使金脆化；而银、铜、镍、铝、钛等可以改变金的色调与性质；锌和镉则对金的性质有两重性。

分类：足金指含金量在99%以上的纯黄金，通常有千足金（整体含金量不小于99.9%）与足金（整体含金量不小于99%）。K金则是指在纯金中加入补口元素的合金（如银、铜及其他金属），常见的有24K（含金量99.9%）、18K（含金量74.988%，如金75%＋银12.5%＋铜12.5%）、14K（含金量58.324%），以及K白金（金钯

合金、金镍合金）中的20K（含金量83.32%，如金83.3%+钯16.7%）、18K（如金75%+银12.5%+钯12.5%）等。此外还有铂金合金、彩色金合金。

（2）银（Ag）

早在公元前5000年前，中国人、埃及人、希腊人以及罗马人就都掌握了开采冶炼白银的技术，多用于制作货币或饰品。中世纪的银主要产自波西米亚（现位于捷克中西部）和西班牙；文艺复兴后，由于西班牙银矿的大量发现，以及对外掠夺，使其称雄于世界银贸易市场。随后美国发现了更大储量的银矿，打破西班牙的垄断地位，并且使银大量出现于人类生活之中。

银是最早用于货币流通的贵金属材料之一。随着首饰行业的发展和消费者观念的变化，银的首饰市场越来越大。其特点如下。

①银的比重中等（10.5g/cm³），熔点为960.8℃，莫式硬度为2.7。

②银的化学性质比金和铂活泼。不溶于稀酸，但溶于浓硝酸和浓硫酸，还可与硫化物、卤化物、氰化物和亚硫酸盐等反应。

③银的延展性好，最薄的银箔为2.5um，具有极佳的可锻性和塑性，易于焊接和抛光，但易变形、易变黑。

④银为银白色，是所有金属中反射率最高的。

按照国标的规定——贵金属饰品术语（QB/T1689—93），银分为两类：

①足银——含银量不小于99%的银；

②925银——含银量不小于92.5%的银，另含铜量为7.5%，使其具有理想的硬度。

首饰市场上常见的是含银量小于99%的银，其硬度和延展性最适合制作首饰。这类银的补口元素一般是铜、锌、锡等。

（3）铜（Cu）

铜不属于贵金属，但是在首饰上的运用较多，常用于初级入门造型练习，成本低，易造型。特点如下。

①纯铜，电解铜，无氧铜：比重为8.96g/cm³，熔点为1083℃，硬度比金、银稍高，容易氧化和硫化。延展性和塑性良好，适合作为首饰的基材。

②铜合金：是常见的首饰用铜材料。通常有紫铜（含锌量为15%）、黄铜（含锌量为15%~45%）、青铜（含锡量为5%~20%）。这些铜合金一般被先制成胎体，在镀金或镀镍后成为仿金或仿银的材料进入首饰市场。其中铜合金多用作仿黄金的材料，而铝合金、镍合金常用作仿银或白金的材料。此外，铜合金中还常常加入一定比例的锌、锡，以及一些稀有元素，以配制成不同色泽、亮度和机械性能的仿金首饰材料。铜合金的仿金材料成本并不高，但技术研究成本很高。

③铜基合金：近年来在长三角地区出现的一些铜基合金，其色泽和耐蚀性有些已接近K金材料，是很有前途的仿金首饰材料，称为稀金或亚金，成色标为KF。

（4）非金属

20世纪60年代，随着当代首饰艺术的兴起，一些欧洲金匠不再满足于世代沿袭的珠宝制作规范和固有观念，开始质疑首饰固有的属性和贵金属的使用象征，珠宝一定代表权威？代表财富？一定要由金银宝石组成吗？可以成为自我表达的方式吗？随着这些问题的提出，首饰的价值不再停留在金属固有价值层面，反而扩张到了综合材料的表达。首饰作为载体，也拥有了更为丰富、自由的语言与思想。

非金属材料主要有塑料和玻璃等透明材质、硅胶和树脂等半透明材质、皮革与纺织品等软材质，以及岩石中美丽而贵重的石料或矿物。例如，矿物质无机质、玻璃、陶瓷、有机质木质纤维素、丝绸、塑料、有机玻璃、兽骨、果核、皮毛等。

其中无机宝石有钻石、红宝石、蓝宝石、祖母绿、托帕石、碧玺、紫晶、石榴石、翡翠、欧泊、青金石、绿松石等。有机宝石有珍珠、珊瑚、琥珀、玳瑁、象牙等。

其他综合材料，即非常规性材料包括纸质材料（图1-19）、生物材料（食物、细菌等）、动植物材料、旧物回收材料、建筑材料（水泥、喷漆、泡沫等），以及最近技术发展较快的智能材料，如流动的液体、可塑或变形的材料、薄膜和虚拟材料等。作为一种多元化的表达媒介，其表现形式更具创意性，往往需要大量的时间进行反复地试验（图1-20）。

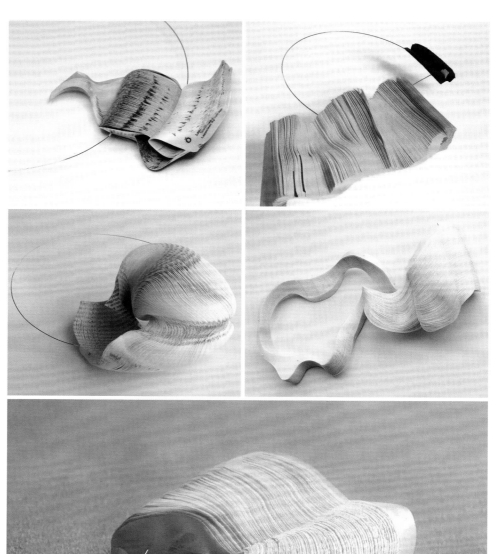

图1-19　芬兰珠宝设计师珍娜·赛万诺娃（Janna Syvanoja）的纸质材料首饰

图1-20　瑞典首饰艺术家瑟琳娜·霍姆（Serena Holm）的作品（材料：瓷娃娃配件、银、塑料、纸张、丝绸、珍珠等）

3.2　工艺 Craft

（1）铸造 Casting

铸造即失腊铸造。东汉许慎《说文解字》中解释道："铸，销金也。"指的是熔化金属。铸造，意思是熔金属或将液态非金属材料入模冷凝成器，如铸钢、铸塑等。铸造工艺的特性可以满足首饰自由造型的需要，通过雕蜡、倒膜，可以达到批量复制的效果，有益于商品化的设计（图1-21~图1-23）。

铸造工艺的制作过程：

蜡模——加水口——上蜡树——倒入石膏——抽真空——焙烧250℃两个小时（蜡会流出来，下面用不锈钢盘接住）——加温到450℃两个小时——升温到650℃两个小时（如果作品细小则要烧到700℃）以达到石膏最强的强度——熔金浇铸（水口朝上）——炸掉石膏（石膏放水里）——剪水口——抛光。

翻模的过程特性主要为流动性和热胀冷缩。石膏流动性：如果是

图1-21　铸造工艺实践——《戒纹》（浙江理工大学　杨钰婷）

图1-22 铸造工艺实践——《兰花》(浙江理工大学 蒋卓伶)

图1-23 铸造工艺实践——《民国记忆》(浙江理工大学 杨钰婷)

大面，没有小的细节，石膏可以调成干一点的状态；如果有很多花纹图案的，石膏要稍微稀一点，才能流到里面去。其次是液态金属的流动性以及液态金属在凝固过程中的热胀冷缩，它的收缩比率很关键。雕蜡时，蜡模的壁厚要求掏空到1mm厚。液态金属流动时的重力、冲力，以及液态金属变成固态金属的应力、张力，包括金属的比重都很容易冲坏模具。纯银的流动性较差，而925银含有一定比例的锌，锌的流动性非常好，而且蜡和925银的金属比重刚好为1:10，所以首饰铸造工艺通常选用925银；如果是18K金，所需金属重是蜡的克重乘以15.8。

（2）锻造 Metal smithing

锻造是器物成型前必须经过的工艺过程，利用金属的延展性并通过不断的退火、淬火工艺过程，将自然或冶炼出的金属材料捶打成各种形状，供进一步加工使用。皿类中的碗、盘、碟、杯等大多数都是用手工锻造技术制作，运用锤、敲使金属片材得以延展，改变其形制（图1-24）。

图1-24　鹤庆银匠传承人寸金山的锻造课程

锻造工艺除了在器物上的运用之外，更多地应用在首饰的设计上，镂空、焊接、镶嵌、肌理等工艺作为基础工艺，学生在实践过程中对每一个工艺的掌握都以实用为教学目标。比如，镂空工艺的实现以铜板书签的制作为主题，焊接工艺则以戒环、项链为载体，最终实现佩戴的需求，不仅能提升学生的成就感，也使他们能够对首饰有一个立体、全面的认识，最后通过综合工艺实践，完成系列首饰成品。

（3）花丝 Filaments

花丝工艺繁复而又精细，以丝和片组合造型的技艺，经编、垒、堆、织、掐、填、攒、焊八大工艺来实现，每种工艺细分起来又千变万化。现代美术类高校注重设计理论（特别是西方）的教学，开设传统工艺文化等课程的院校相对较少，对相关传统技艺缺乏重视。借助国家对传统工艺文化的扶持政策，增设传统工艺门类，鼓励学生选修花丝工艺，实现对现代设计教学内容的补充，也丰富学生的文化生活。图1-25所示为贵州花丝传承人杨昌杰正在手把手地教学生掐丝、垒丝，以突破传统的造型，探索花丝工艺在现代首饰语境下的创新。

图1-25 贵州花丝传承人杨昌杰的授课过程及学生作品

（4）錾刻 Chasing

錾刻工艺的基本原理是利用金属的延展性，在使用锤子敲打各式錾子的过程中，以挤压、抬鼓、剔刻、镂空等方式在金属上形成点、线、面等基本元素，进而创造出平面或立体的装饰图案和纹样。錾刻工艺十分复杂，工具有几百种之多，根据造型需要可以制作出不同形状的錾头或錾刀。錾头大致分为两种，一类是錾头不锋利的，可錾刻较圆润的纹样；另一类是錾头锋利如凿子，可錾出较细腻的纹样。

云南鹤庆从唐代南诏起就开始从事金、银、铜等手工艺品的加工制作，世代相传并加以改进，如今该地的银饰手工艺日趋成熟，出现了许多民间工艺大师、银匠师傅、学徒、个体户、银器厂等不同层次的银匠。比如，有着联合国手工艺大师和银器锻造技艺非遗传承人称号的寸发标，他设计的九龙系列产品，做工精湛，是珍贵的收藏品。同时他还与寸圣荣联合创建了一家云南鹤庆旅游品开发有限公司，集合了八百多户家庭作坊，形成了产、供、销一体化。寸发标儿子寸汉兴

也传承了父亲的手艺成为新一代传人，希望带动鹤庆银器的进一步发展。还有高级工艺美术大师母炳林设计的九龙九狮屏，成为鹤庆工艺品的代表作。这种鹤庆师傅带徒弟的模式延续多年，银匠师傅有寸锡槐、张家松、李封、寸光伟、李焕伟、洪继科、洪天行、寸金山、苏锡桂、寸子昌、寸寿勋等，一般学徒十五六岁时就跟着师傅学艺，基本都是男性学徒，等几年之后技艺成熟，便会自立门户。

手工艺是在农耕社会和自然经济的大背景上生长起来的，人们利用天然材料和源于乡土的技术进行创作，如高山土、铅、稻草灰、墨汁等天然材料，选择的题材、图案也与传统息息相关。因大多产品选用自然材料、采取手工制作，故在制造、流通过程中摒除了造成环境负担的因子，以示尊重自然生态与消费者的决心。

2004年鹤庆凭借发展完善的细金工艺体系及对外开放的手工艺传承心态，开始吸引艺术院校相关专业师生来此开展人文与技术的研究实践；2018年鹤庆錾刻师傅也走

进高校传授传统技艺，笔者也有幸参与了该传统技艺的学习与交流（图1-26~图1-28）。

2019年由文化和旅游部人才中心举办的"青年创意设计人才（首饰与金属艺术）培训班"（作者参与了该项目学习与交流）在云南鹤庆新华村开办，集合了一大批首饰专业人士，共同探讨传统工艺的当代转化（图1-29、图1-30）。新华村里有许多大大小小的工作坊，如寸发标、寸光伟等大师工作室，以传习馆的形式为院校师生提供实践场所（图1-31~图1-33）；还有一些技艺十分精湛的师傅开办家庭工作坊（图1-34），以银器加工为主同时培养传承人。

再举一个錾刻技艺的例子，老凤祥作为上海地区唯一现存历史悠久的金银细工制作技艺流派的传承者，以钣金、鎏金、抬压、焊接、金银错、錾刻、镶嵌等为主要技艺，在作品传承的同时注重时代特点，逐渐形成具有中国文化特点的金银细工制作技艺特色，具有独特的手工艺文化价值（图1-35、图1-36）。老凤祥的金银细工区别于鹤庆地区

的工艺，体现为材料、理念和主题的大不相同，教学正是要延续文化的多样性，才能使艺术、技术得到更好的发展。

图1-26　鹤庆银匠传承人寸金山的錾制课程

图1-27 鹤庆银匠传承人寸金山的錾刻工具及技艺实践

图 1-28　笔者的錾刻实践

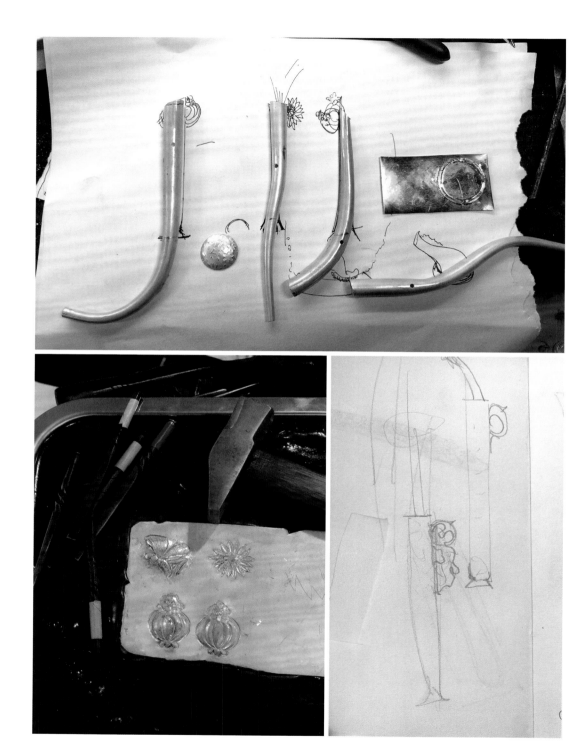

图1-29　笔者作品《四时花器》的制作过程

图1-30 笔者作品参加文旅部与白瑞空间的联合展览

图1-31 寸发标工作坊及工作场景

图 1-32　寸彦同工作坊及工作场景

图1-33　寸光伟工作坊及摆放的各类工具

图 1-34 李彦刚师傅家庭工作坊场景

图1-35 上海老凤祥金银细工传人周天应作品

图1-36 上海老凤祥金银细工传人周天应来校授课

3.3 当代创新 Contemporary innovation

英国当代艺术史家和美学家贡布里希在他的《艺术发展史》一书中认为20世纪现代艺术的主要特征在于它的实验性，即在多方位、多层次上自由地试验各种观念、技法和材料运用的可能性。现代金属工艺教学是基于实用进行的延伸与拓展，使学生进行一些并非完全注重产品实用性和商业性的小物件创作，在某种程度上，教学中的金属工艺更接近小型雕塑艺术的内涵，较之传统金属工艺表达的内容更加趋于当代性、创新性。

（1）材料创新

因材施艺，各行其是，每种材料都有着自身的品格，不同的材料属性决定了不同的造物品类、技术特征和艺术方法。在工艺的发展史上，对材料的改造和利用一直处于生生不息的过程中，金属具有一定的强度、硬度和延展性等实用功能，锻造、熔炼、退火、淬火、金银错等工艺都建立在其客观性的基础上。

在教学实践过程中，带领学生探索金属材质在视觉、听觉、触觉等不同感受层次的立体认识，由生理感受形成审美感受，进而完成综合材料的实践，打破传统惯性材料的搭配，融合成新的工艺特色。在材料拓展的训练上，不仅要接受工艺的挑战，还要对设计思维进行创新，这也是一种新的开发，促使人们去想象、思考、感受和批判，现代金工的教育既有传统的内容，也有与时俱进的设想，即从形式到内容的渐进与突破。在课程中，鼓励学生运用硅胶、亚克力、毛毡等非金属类材料，自由表达作品的色彩与情感，图1-37~图1-45所示均为浙江理工大学学生实践作品。

图1-37　张耀丹《花之殇》，戒指和胸针，银、亚克力

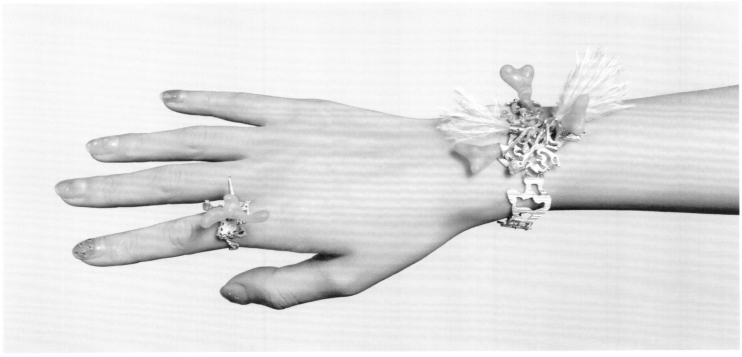

图1-38　黄鑫莹《谜》，戒指和腕饰，银、鸵鸟毛和硅胶

图1-39　沈春怡《360度》，耳钉和胸针，银、亚克力

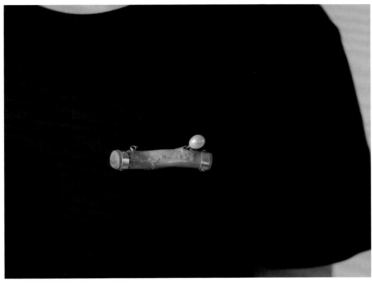

图1-40　刘梦珍《木心》，项链和胸针，银、黄杨木、珍珠

图1-41　陈钰华《细胞》，项链和耳钉，银、毛毡、锆石

图1-42　王锦心《傲娇小公主》，胸针，银、滴胶、贝壳、珍珠

图1-43　麦燕瑜《龙纹》，胸针，铜丝、珠片、纱网

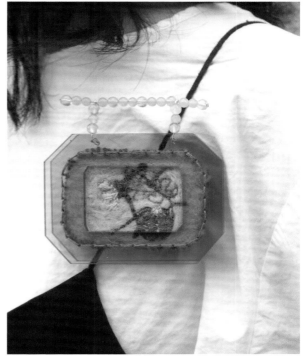

图1-44 余奇琦《加冕》，挂饰，泥塑、铜丝

图1-45 蒋凌曦《瓜田荔下》，胸针，亚克力、毛毡、珠片、银

（2）技术创新

金属工艺是通过手工锻造和机器铸造两种形式成型，对手工的工艺要求较高，擅长自由形态的造型，注重情感的表达；但有些复杂的造型无法利用传统的加工制作技术完成，需借助3D打印设备才能更好、更快速地完成设计，使首饰生产转向定制化、多元化，从而实现生产方式的变革（图1-46~图1-48）。在课堂上引进3D打印技术，可使学生接触到较为前沿的科学技术，扩展学生视野，学会跨界思维。例如，学生可以运用3D打印技术表现波浪的纹理，而这种线条的节奏感是金属手工艺无法到达的效果。

图1-46　张耀丹《波浪》，戒指，银

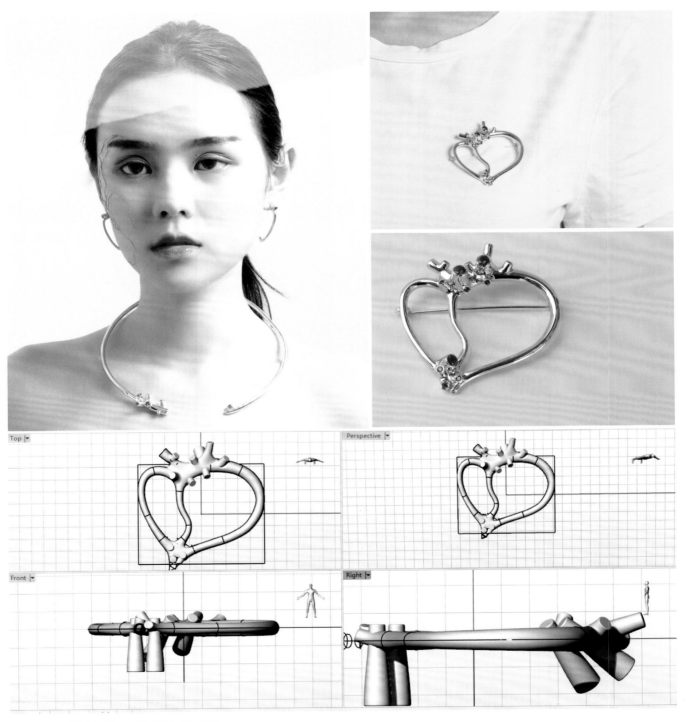

图 1-47　徐瑾懿《故梦》，项饰和胸针，银、锆石

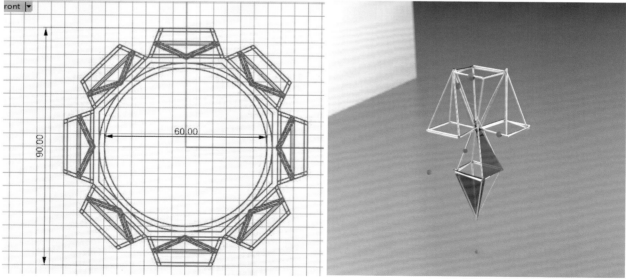

图1-48　沈豪杰《几何》，套饰，银、亚克力

（3）艺术创新

随着西方当代首饰概念的引入，金属工艺的教学思路也得到一定的启发，不同于传统教学方法，西方对金工的艺术形式和功能具有更为广阔的思维和设计实验。所以，在课堂上应通过个体观念的不断实践，使学生学会分析研究对象，发现并解决问题。作为一种体验式教学，这不是简单的教师传授知识点的过程，而是一种研究性的学习，以问题先导、任务驱动，指导学生如何去实践。例如，学生的设计围绕光线的概念展开，尝试用有形的材质去表现摸不到的光影效果（图1-49）；还有学生围绕生活中的欺骗、炫耀、伪装等面具下的人生哲学话题进行讨论，运用图像、亚克力等材质来表达人类内心漠视的变化过程，从而做成可穿戴的艺术首饰（图1-50）。

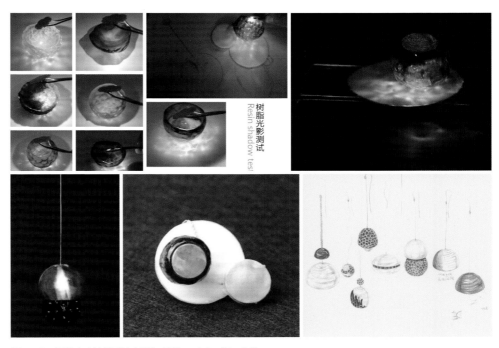

图1-49　杨蔚垚《触得到的光影》，配饰，玻璃、银、电路

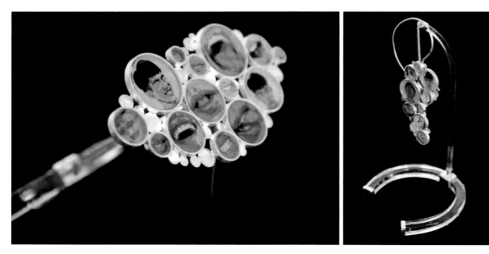

图1-50　张雨恬《漠 IS THAT YOU》，可穿戴艺术，亚克力、图像、银

思考题

1. 简述中西方首饰发展过程中的特征
2. 分析中西方首饰在同一时期的差异性及其成因
3. 简述首饰的基本工艺

第二章
CHAPTER TWO

金工基础
Metal techniques

 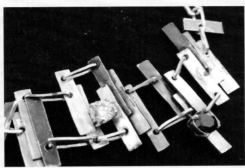 

课题名称：金工基础 Metal techniques

课题内容：1. 工作区域 Workshop

2. 基本技法 Basic techniques

3. 金属加热 Heating

4. 金属成形 Forming

5. 表面肌理 Decoration

6. 宝石镶嵌 Stone setting

课题时间：64 课时

教学目的：了解各种设备及工具的使用技法；

了解基本锻造工艺

教学方法：理论知识讲解、多媒体课件播放与现场教学演示

教学要求：掌握基础的金工工艺；

掌握"铜""银"的各种基本锻造技巧

课前准备：认识工具设备，并准备金属材料和基础工具

1. 工作区域 Workshop

作为金工首饰工作者，最初的任务就是拥有一个工作区域和独立的工作台。其次作为金工首饰的教学来说，工作区域要考虑到群体人数和功能划分。在合理分配学生人数和实验场所的前提条件下，本校金工工作区域设定可容纳30人，基本划分为学生工作区、教学示范区、初级加工区、后期加工和精细工作区等四个部分（图2-1）。

第一，学生工作区，也是最为主体的部分（图2-2）。每一位学生都拥有独立的空间，配备光源、电源、吊机等基础设备。大部分工艺需要在该区域完成，如手工起版、雕蜡、执模、精修等。一般工作台在台面正中向前伸出一块长约30cm、宽约10cm、厚约1cm的台塞，便于锯切工作；工作台台面还需钉上厚度为1cm的铝皮（或白铁皮），以便进行金粉的收集和防火。

第二，教师示范区，作为集中讲解和示范操作的部分，需要能够引领学生掌握基础知识，便于沟通交流（图2-3）。第三，初级加工区，是操作最为密集的区域，包括焊接区、清洗区、铸造区、熔炼区、压片拉丝区等，便于完成首饰的基础加工部分。第四，后期加工和精细工作区，精细工作区主要由各类工具组成，包括窝作、圆形切割器、塑形砧等，便于形体加工；后期加工区还包括实验操作台，以满足学生对各类材料的加工需求。

此外，工作区域还需排风系统，保证室内空气的流通和净化。学生进入实验室须准备口罩、护目镜、手套、围裙等个人用品，以防金属、蜡及其他材料碎末的吸入，并遵照安全守则，注意个人与集体的安全与卫生。

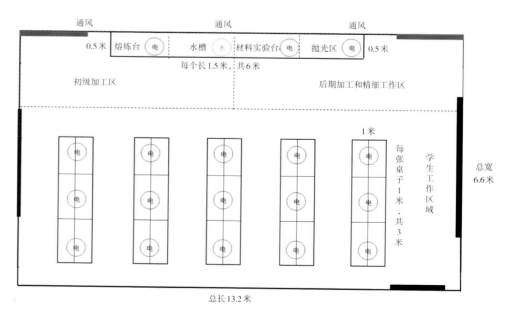

图2-1 浙江理工大学金工实验室区域规划

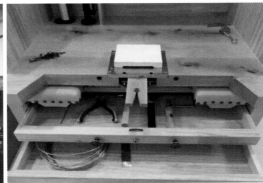

图2-2　浙江理工大学金工实验室——学生工作区

图2-3　课堂讲解与示范

2. 基本技法
Basic techniques

2.1 常用工具 Basic tools

首饰制作的工具种类非常多，一般工作的工具在工具店里都能买到，质量好的多为进口工具，价格也相对高一些，使用起来也更高效。对于初学者来说，只要具备以下的基本工具（图2-4），便能完成首饰的制作。主要有测量工具、剪切工具、锤打工具、焊接工具等。

测量工具：戒指度圈、戒指尺、游标卡尺、划线规、蛋形厄铜、天平等。

锯切工具：锯弓、锯条、润滑膏等。

焊接工具：熔焊机、焊枪、焊瓦、焊接转盘、浮石；焊夹、葫芦夹、第三只手、固定针、镊子、铁丝、三脚架、不锈钢白矾杯等。

造形工具：平嘴钳、尖嘴钳、圆嘴钳、剪钳、拔线钳、黑柄剪刀等；拉线板、圆线芯；电动压片机、手摇压片机。

锻造工具：铁锤、胶锤、牛皮锤；宝石锤、打金锤、錾刻锤；四方小平砧、坑铁、窝作、戒指砧、手镯砧、打金砧、造型砧等。

锉磨工具：各种锉刀（三角锉、半圆锉、竹叶锉、平锉等）、各种规格的砂纸（400#、800#、1200#等）；玛瑙刀、钢压笔等。

钻具：悬挂式电机（又称吊机）、脚控变速开关、钻夹头和各种钻针（球针、轮针、桃针、伞针、牙针、吸珠凿等）。

熔化工具：大熔金窝、小熔金窝、油槽、硼砂等。

镶石工具：戒指夹、无耳铲仔、双头索咀、冬菇索咀、钻石夹、平錾、油石、火漆等。

抛光工具：有柄毛扫、有柄布辘、戒指绒棒、双排毛扫、黄布辘、绿蜡、白蜡、红蜡等。

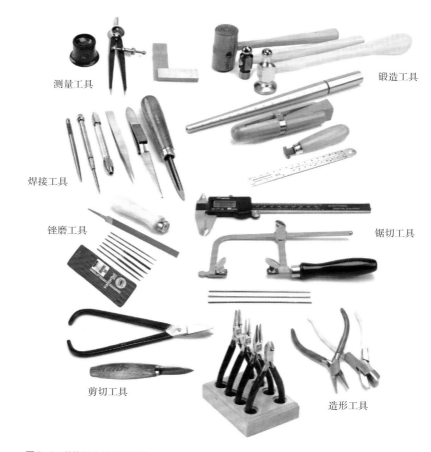

图2-4 首饰制作的基本工具

抛光设备：单头吸尘抛光机、双头抛光机、磁力抛光机、滚筒抛光机、抛光粉、防锈粉、磁力抛光膏等。

清理设备：超声波清洗机、除蜡水等。

2.2　化料 Molten

化料是金工制作的第一步，即通过熔金、浇铸等方法得到金属材料（图2-5）。涉及的工具有油槽、熔金炉、熔焊机等。金属料一般是废料、珠粒、粉末等原料，首先将这些原料处理成相对薄、碎的状态，用电子秤记录重量后，将这些原料倒入熔金炉的坩埚中；如果原料较少，也可以放入熔金碗，随后用熔焊机加热，注意观察熔融过程中原料的变化，呈现液态时说明已完全融化，此时再将熔金碗倾斜并倒入油槽中。油槽分片状和条状等不同的形态，片状的油槽可以将金属压成片材，条状的油槽倾向于将金属拉成丝。

2.3　压片 Rolling

金属片材有不同的厚度以便满足不同的设计需求，因此，使金属变薄的方法也有很多种，最便捷有效的就是压片。压片机也是首饰金工基础课程中不可或缺的设备，分电动压片机和手动压片机（图2-6）。电动压片机力度大，速度快，频率高，缺点是不易控制，并存在安全隐患；手动压片机可以更为精准地控制厚薄，更为安全，不足之处就是需要花费更多的力气和时间，成效较慢。

压片之前，需先将片材退火，使其变软，再根据所需要的厚度逐步碾压，将金属片材放置在两个滚

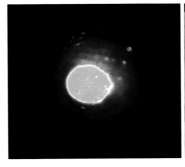

图2-5　银碎片化料并倒入油槽的过程

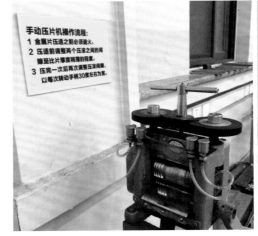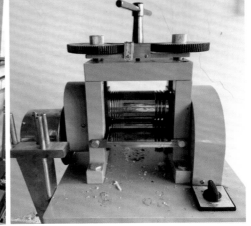

图2-6　手动压片机和电动压片机

轴之间，使其刚好卡住，然后转动滚轮，每完成一次，都需要调整压片机顶端的把手，使滚轴之间的缝隙更小，这样压的金属片材也会越来越薄。

注意，压片时要朝同一个方向碾压，这样操作可以大大提高压片的效率。压片期间也要不断地退火，避免金属出现裂痕。如果达到了想要的厚度，就可以完成压片，然后将金属片材洗净，擦干备用。

2.4 拉丝 Drawing

与压片相似，拉丝也是基础工艺之一，在备料时十分常用（图2-7）。金属丝多见有圆形、正方形、长方形等，还有特殊形态如三角形、花形、月牙形等，不同的形态用于不同的设计，而这些形态的金属丝源于拉丝板的造型。拉丝的过程其实是金属延展的过程，一般来说，金属纯度越高，金属丝就越软，在拉丝过程中越不容易断裂。

化料后的金属线材要先退火软化，然后将银线放入压片机的压丝槽，从粗到细依次压丝，使线材快速变细，通常压片机的压线槽横截

图2-7 拉线板和拉丝机

面多为正方形。当压线的粗细足够时，就可以用拉线板了。在使用拉线板前，需要用锉刀锉磨金属线顶部，直到其被锉成细尖的样子，可以穿过拉线板的孔洞，再边拉丝边测量，直到拉到合适的尺寸。

2.5 切割 Cutting

在首饰工业上，常用裁床直线裁切金属，线条利落，金属不变形，

十分便利，但不能裁切图案；还有桌面剪台，相比裁床小，主要用于剪切厚重金属片材。这两种都属于工业生产中使用较多的工具，对于初学者来说，手工锯切用得更为频繁、也更灵活。

切割工艺贯穿首饰制作全过程，也是最为基础的一个工艺。切割模块的教学主要通过锯弓的实践，以达到图案切割的目的。但除了锯弓的使用之外，各类钢剪也能完成金属片材的初步造型。手钢剪的尺寸种类较多，能剪直线、曲线，但容易造成金属片材变形，需要通过平面方铁或压片机作用使其变平；小钢剪适合剪较薄的片材及焊料片等；斜口剪专门用于剪线材。

基本工具有锯弓、锯条；剪钳、吊机、夹头钥匙、钻针；双头索咀、钢针、钢板尺、图样版、划规等。

（1）工具——锯弓和锯条

目前市场上的锯弓材质不一，形态各异，分可调节式和固定式两种，差别在于是否可以根据锯丝的长度做调整，锯深从60mm到200mm不等（3寸到8寸）。锯弓越小越灵活，尺寸较大的锯弓更适合

切割面积较大的片材。针对不同的设计可以使用不同型号尺寸的锯弓。

初学者多选择国产锯弓，功能齐全，价格实惠。锯的前端有锯丝调节拉力的旋钮，需要用胸口顶住固定锯丝。更为耐用的是德国产可调拉力线锯，锯弓可以调节宽度，断掉的锯丝也可以继续使用以节约成本。还有价格更高的美国Knew Concept Saw全新珠宝手持锯、拉花锯，其材质为航空铝，锯身稳定，特点在于张拉力扳手，便于更换锯条，同时增加了锯条45°的调节功能。

锯条用于搭配锯弓来锯切金属，由钢铁合金制成，标准长度为13.3cm，不同的粗细用以处理不同厚度的金属。其尺寸以0号为基准，粗细由0~8号和1/0~8/0号不等，0~8号中8号最厚，锯齿最少；1/0~8/0号则相反，8/0号最薄，锯齿也最多。金属外形的切割使用0~8号即能应付自如，1/0~8/0号是用来切割内部较细致的线条，但比较容易折断，建议折中选择2/0~4/0号（图2-8）。锯条太细会比较难以控制切割轨迹，也更耗时；如果锯条太粗，会导致

切割面不光滑，也会消耗更多材料，因此选择合适的锯条在首饰制作中十分重要。同时，为了使锯弓更润滑，可以搭配使用burlife润滑膏或蜂蜡等（图2-9）。一般品质较好的有从瑞士进口的Laser Gold锯丝。

（2）安装锯条（丝）

将有锯齿的一面面对自己，顺着摸时应该是光滑的，用一只手拿住锯子，并将锯子的顶部挂在台塞中间，将锯条的头部固定在螺丝栓中并转紧，再把锯子架在台塞上，将锯条的另一头也固定在另一端的螺丝栓中。钜弓的长度，即两个螺丝栓的距离应略长于锯条约2~3mm，确定锯条是紧实而且有弹性的状态，还可以不时涂抹一些蜂蜡或肥皂使锯齿更加顺滑，同时保证金属碎屑不致堆积而影响工作。若使用固定式的锯弓，锯条长度过长时，应用尖嘴钳平均剪短两端后再安装，以免锯条受力不均而断裂。

（3）锯切步骤

首先用记号笔直接在金属片材上画出图案，也可以用双面胶将图案打印出来粘贴在片材上，根据下述方法切割外轮廓。如果是直线切

锯条尺寸	锯条厚度（mm）	锯条深度（mm）	锯齿数/英寸	建议切割厚度（mm）	打孔所需的钻头型号
8/0	0.16	0.32	89	0.41以下	80
7/0	0.17	0.33	84	0.41–0.51	80
6/0	0.18	0.36	76	0.51	79
5/0	0.20	0.40	71	0.51–0.64	78
4/0	0.22	0.44	66	0.64	77
3/0	0.24	0.48	61	0.64	76
2/0	0.26	0.52	56	0.64–0.81	75
1/0	0.28	0.56	53.5	0.64–1.02	73
1	0.30	0.61	51	0.81–1.02	71
2	0.34	0.70	43	1.02–1.30	70
3	0.36	0.74	40.5	1.02–1.30	68
4	0.38	0.78	38	1.02–1.30	67
5	0.40	0.84	35.5	1.30	65
6	0.44	0.94	33	1.63	58
7	0.48	1.0	30.5	2.06	57
8	0.50	1.1	28	2.06	55

图2-8 锯条尺寸

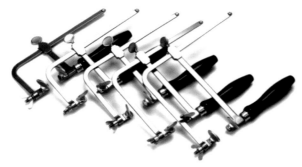  

图2-9 从左至右分别为锯弓、锯条、润滑剂

割，则确保金属片至少有一边是直线，并用锉刀磨平，将两脚规打开到需要切割的宽度，将一只脚贴住金属片的直边，用另一只脚在金属片上做标记，沿着直边拖动双脚规，画下一条直线作为切割的标记。

切割时，一手持锯弓，另一只手按压片材，先将锯丝靠近金属边缘，开始时可顺斜锯弓约45°角以方便锯齿进入，然后于同一处上下磨两次左右，使其产生凹槽；随后从外围向内切割，使锯条与片材保持垂直，以"重—轻—重"的频率上下切割（图2-10）。

图2-10　锯切过程

曲线切割处理转角时，速度稍微转慢，但不能停下来，慢慢转动锯子方向，同时手部按压的金属也要配合移动。处理锐角的时候，锯弓要保持固定的方向上下划动，同时慢慢移动金属片材，最好运用细的锯丝处理。

（4）工具——吊机和桌面打磨机

一种十分常用的电动工具，是利用电机一端连接的钢丝软轴带动机头进行工作的，一般挂在工作台的台柱上，机头为三爪夹头，用于装夹机针。机头分两种，一种为执模机头，稍微大一些；一种为镶石机头，稍微细小一些，且有快速装卸开关。吊机的脚踏开关内有滑动变阻机构，踏下高度的不同会使吊机产生不同的转速，适合于不同的操作情况。吊机机针是首饰制作中非常重要的工具，主要用于首饰的执模、镶嵌甚至抛光等环节。根据机针针头的不同形状，分为以下几种：粗球针、扫针、钻针、吸珠、飞碟等。装置钻针时需要注意轴心是否垂直，可以通过轻踩踏板观察转轴是否成直线判断。

除了吊机之外，桌面打磨机也非常实用，有档位控制，可以不使用脚踏板，但是打磨笔的大小有所限制，不能完全适应所有尺寸的钻针（图2-11）。

（5）镂空步骤

在开始钻孔前，先用锥子敲打金属表面要钻的部位，定好孔口的位置，防止钻头滑倒其他位置。

选择合适的钻头，在首饰设计中，需要钻的都是小孔，一般都小

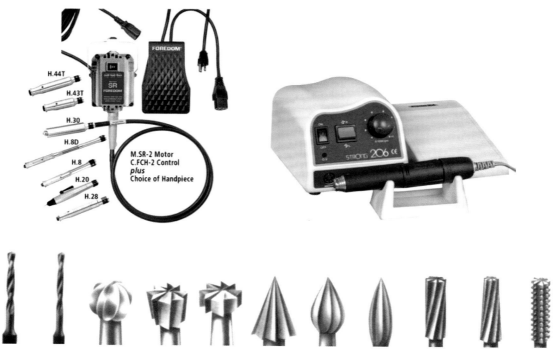

图2-11 吊机、打磨机及各类机针

于2mm。

在钻头抹上润滑油，保证钻头的尖锐，也防止钻头钻动时摩擦过热而损坏。

用夹头钥匙打开三爪夹头，不要太大，比钻针稍粗一些即可，保证放入的钻针不会产生偏离，拧紧后可以试着用脚轻踩踏板，看其转动时是否晃动。

钻头和金属要保持90°，不要倾斜。钻孔一般使用吊机辅助作用，但也有其他工具可替代，如手摇钻、打孔器等。

钻孔时左手压紧金属片材，右手握紧吊机夹头，钻入过程中由开始到结束的力度应保证"轻—重—轻"的节奏，尤其在即将钻穿时需要轻轻下钻。

钻孔完毕后，将锯条一端先行固定，另一端穿过洞孔，继而固定，按照锯切方法完成图案镂空（图2-12）。

钻孔时要注意以下几点：钻孔前最好用中心冲制造记号，以防钻针打滑导致钻孔位置偏离；钻孔容易导致金属发热，所以除了用手固定金属之外，可以采用钳子、夹具等工具固定；钻孔过程中使用一些润滑剂，使钢钻和金属之间的摩擦更顺利；注意控制钻孔节奏，不要一直施于重压，最好间断地施压，可以降低金属热度。

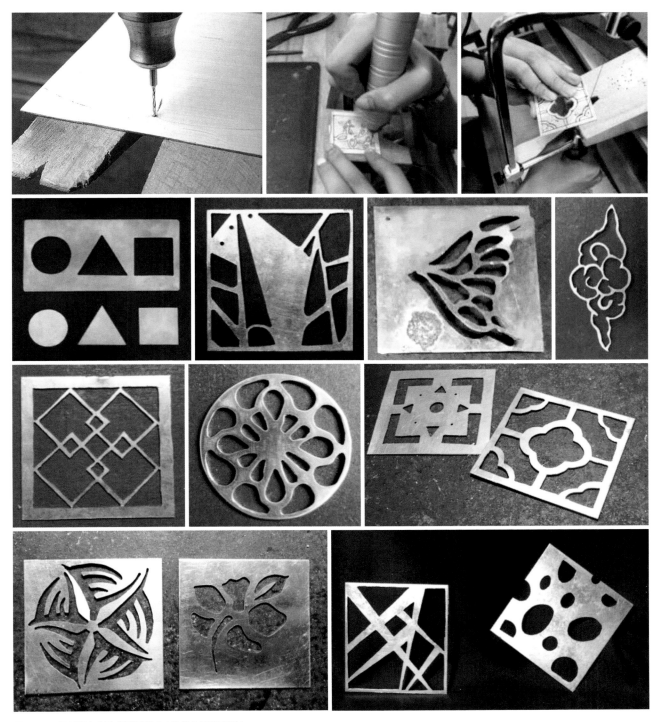

图2-12 切割镂空实践（浙江理工大学学生课堂实践）

2.6 锉磨 Filing

基本工具有吊机、夹头钥匙、钻针；锯弓、锯条；中平锉、细半圆锉、三角锉、砂纸、推木；打锤、铁砧；双头索咀、钢针、钢板尺、划规等。

（1）锉刀

一种经过硬化处理的钢制工具，用于去除金属工件表面的瑕疵，如焊料、毛边、凹槽；也可用于制造质感，修正外形。锉刀形式尺寸多样，可满足不同的工作需求，从形状上看，有平锉、半圆锉、弧锉、圆锉、方形锉、三角锉、扁平锉等（图2-13）；从齿纹上看，有单纹、双纹、弧形纹、突刺纹等，可分别产生平滑、粗糙等不同的表面效果；从粗细分类上看，有超粗、粗、细、超细等类别，可用于不同精细程度的处理。

（2）锉修步骤

选择合适的锉刀，将工件置于台塞上，左手握紧工件，右手持锉刀。

若工件太小不便手持时可使用戒指夹、万能夹等夹具（图2-14），但在使用夹具时需要对工件表面进行保护，如垫皮革、铜片等。

若工件较大，可以直接固定在台钳上，选用修形的大锉刀，也不再使用手腕的力量，而是以站立的方式使用整个手臂的力量来操作。

锉修平面时，要保证锉刀与工件垂直，锉刀推拉平直，保证同一方向推进，避免来回摩擦，要一边推拉一边侧移。

锉修曲面时，锉刀除推拉动作外，还应伴随手腕的旋转动作。

使用的锉刀要由粗到细，不同的外形可以选择不同形状的锉刀，以达到完美贴合。如若要扩大钻孔或更改孔的形状可以选择圆形或椭圆形的锉刀；尖锐切口或直线的装饰可用三角形锉刀；凹面的锉磨通常选用半圆形锉刀；凸边或平板面的锉磨可选用扁平形锉刀（图2-15）。

锉磨过程中会掉落许多粉尘，最好在抽屉里放置扁平的器物以避免浪费也保证卫生。有些工作台没有抽屉，可以做一个皮布兜。

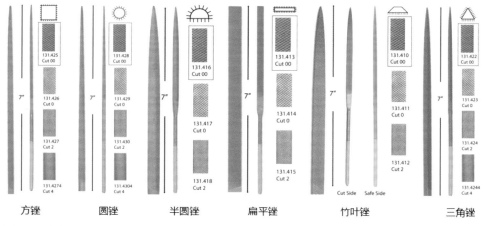

图2-13 各类锉刀

图2-14 戒指夹固定工件

图2-15 锉磨实践

注意：不同的金属必须分开使用不同的锉刀，不可混为一用，并分开放置至阴凉处，避免生锈。

2.7 精修 Finishing

表面精修指物体完成造型后，还要完善表面的状态，包括清洁、打磨、抛光等。同一个物件使用不同的精修方式，不同的工具就会达到完全不同的效果。对于初学者来说，需要不断地体验与练习，方能找到合适的方法。

（1）表面清洁

金属表面经过各种加工会产生多种污渍，有氧化物、油渍、助溶剂等，去除的主要溶液有酸性溶液、碱性溶液两种。酸性指的是稀释硫酸（酸与水的比例为1：10），腐蚀性强，能去除所有的黑色氧化物。碱性即明矾与水的混合溶液（明矾50g和水0.5L混合加热），和酸性溶液一样能去除氧化物和硼砂残留物等（图2-16）。还可以用鬃毛轮清洁工件表面的缝隙、痕迹等，会处理成缎面质感的表面效果。

图2-16 明矾清洗

（2）打磨

金属物件在锉修处理后，需要更精细的打磨通常借助砂纸、布轮、橡胶轮等工具，使金属表面更平滑，也可以制造出不同的肌理效果。

砂纸主要由燧石制成，有粗砂纸、细砂纸，也有制作完成的砂纸棒，型号有80目到5000目不等，目数越高磨得越精细。因此，打磨的时候可由粗向细依次使用砂纸。

打磨步骤分手工和机械两种方式。

①手工打磨（图2-17）。可以先找同等大小的木棒、木块、亚克力板等较硬的材质，将砂纸固定在其上，标记砂纸的目数。如果工件是平面的，可以直接压在砂纸之上，

用手按住工件转圈打磨，使其整面都接触到砂纸，注意戴上手套保护皮肤。

②机械打磨（图2-18）。可将购买的砂纸棒，也可以自己制作砂纸棒，一般为圆柱形，用于配合吊机打磨工件，比较适合打磨光滑表面。由于吊机的转速快、力度大，工件表面的呈现效果也更光滑，但是会受砂纸棒形制的限制；而手工打磨更灵活，许多小角落也可以满足得到。因此手工和机械的打磨各有利弊，也需要根据工件的形态来选择对应的方式。

（3）抛光

打磨完之后，通过系统化作业——抛光（图2-19），完成金属工件精修的最后一道工序，可将金属处理至镜面效果。抛光是一项多尘且脏的工作，务必带上防护设备，如护目镜、口罩等，并褪去戒指、绑好头发，以防被卷入。抛光步骤如下。

准备抛光蜡、各类抛光轮（有橡胶轮、布轮、铜丝轮等），用于削磨金属、修整外形和抛光。其中棉布轮是最为普遍的一种抛光轮，价

格便宜，用途多样，可制造光泽表面；帆布轮较硬，主要用于削磨金属；羊毛轮质地较软，可以制造光

泽效果。

首先用吊机夹抛光轮，在蜡上转动2~3秒，然后便可放在金属工

图2-17　用手工砂纸打磨　　图2-18　砂纸棒打磨

图2-19　手工抛光过程

件上进行抛光。抛光轮轻轻施压，并保持固定压力。做法与打磨工艺相似。

难以使用抛光轮的金属工件的中空位置或细小角落，可以准备棉线、鞋带等粗细不同的纺织线材来抛光。先将棉线一头涂上抛光蜡并固定，穿进工件的小孔，一手握紧棉线另一端，一手拿着工件来回摩擦。

然后用铜丝刷配合液体洗涤剂一起使用，在水里洗刷干净。

压光是利用压光笔、玛瑙刀等工具在工件表面推压，处理成光泽的效果。压光前需将工具沾水或清洁剂等，在工件表面来回压光，最后用水洗净。

除了手工抛光之外，还可以借助磁力抛光机打造镜面效果。但切记要根据金属物件的效果选择不同的抛光手法。

3. 金属加热 Heating

在金属首饰的加工过程中，需要掌握加热这一工艺手段，即通过火焰的温度实现所需要的温度。如

通过焊接将两个金属工件永久地连接在一起或将两个工件的表面熔融在一起；通过退火保持金属变软而使其更容易操作；通过高温烧皱使金属表面产生特殊的肌理效果等。

3.1　退火 Annealing

该工序常出现于金属工件操作之前，如需要被弯折、成型、捶打的金属工件。即通过加热使金属变软的过程，使金属更易于操作。

每一种金属都有不同的熔点，因此在退火时也需要调整合适的温度。例如，纯金与纯银材料，本身就具备韧性，相对925银或K金来

说，退火的频率就稍低；而铜材料，因为很快会变硬，所以需要经常退火，以达到软化易于造型的效果。

退火时，要不断观察火焰的变化和材料色泽的变化。比如铜，需要先放在木炭或防火砖上，再用熔焊机不断均匀加热，当发现金属变深粉色时，就可以熄火并淬火。而银，在加热时需要的火焰比铜加热时小，但也是均匀不断加热，使其色泽呈现暗粉色，随后在淬火前保持这个状态几秒；注意：如果加热太久银料表面会出现烧皱甚至熔融的情况（图2-20）。

图2-20　退火过程中银片的色泽变化

3.2 淬火 Quenching

金属工件加热后需在水或稀释酸溶液中淬火；退火和焊接后，金属可以在淬火前慢慢冷却。退火和焊接之后，金属可以在淬火前慢慢冷却，否则，可能会引起金属内部结构的应力而导致金属变形。

具体步骤是退火后先让金属冷却几秒，然后用较长的镊子夹住并放入水中，注意放置水的容器应为玻璃或陶瓷等耐热材料，而不要选择塑料等材料。放入水中后，当听到"呲"的一声，就说明淬火完成。

不同的金属，对退火与淬火的温度要求不同（表2-1）。黄金的淬火则需要根据购买时的技术说明，有些黄金是不需要淬火的、有些需要在具体的温度下淬火。标准银——925银只需烧到微红，冷却后红色消失便可放入水中。铜应烧至红色，迅速浸入水中，也可以冷却后淬火；而黄铜则需烧至浅红色，等红色消失后再浸入水中，不可直接将烧红的铜放入水中，否则容易炸裂。

3.3 焊接 Soldering

焊接的基本原理是将一种合金，即焊药以烈火加热融化后，就像黏合剂一样将两个金属件互相连接。它是金属首饰创作中最基础也最重要的一种技法，做好安全的准备并克服怕火的心理障碍，是快速进入金工世界的第一步。

（1）基本工具

基本工具有焊枪、焊瓦、剪钳、焊夹、不锈钢白矾杯等。

焊接设备需要能提供一个清洁的、高热的并能快速焊接的火焰。

焊接过程在首饰制作中占据重要的位置，在购置焊接设备时要考虑使用场所、焊接物件的大小及能提供的燃料（天然气、煤气等）。家庭作坊应选择安全、实用、经济的焊具，可用丙烷或丁烷，由阀门控制，可焊接熔融。

①焊枪。根据不同的焊接工作需求，使用不同型号的焊枪（图2-21），一般小尺寸的焊枪产生尖细的火焰，用于小尺寸的物件；中型尺寸则对应较大一点的物件；大尺寸的焊枪产生的火焰较分散，更适合退火、熔金、铸造。焊枪的构

表2-1　不同金属退火与淬火的温度要求

金属	退火温度	熔化温度	淬火
金	650~750℃	1063℃	按技术数据标明
银	600~650℃	960.5℃	500℃以下
铜	600~700℃	1083℃	立即

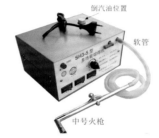

图2-21　从左至右分别为焊枪、熔焊机和手持焊枪

造与燃料有关，有的焊枪连接两根橡胶管，一红一绿，红色代表燃气，绿色代表助燃气，分别连接燃气和助燃气；有的焊枪直接连接天然气，主要成分是甲烷；还有的是手持式焊枪，使用方便，适合小工件的焊接，但火焰较小，仅限于焊接体量较小的物件。但是在工业首饰焊接上，由于焊接位置与宝石相近，也会选择激光焊接机，适合点焊、补焊等。

②焊台。用于焊接和退火，一般选择安全材料，易于清洁，在台面上铺设防火砖或耐火瓦等，隔绝火焰对桌面的影响。为了灵活搭建空间，还可以在木炭块上进行焊接工作，原因在于木炭能提供热量，质地较脆，可用于插件等固定工作，

易于制作银珠、镶爪等。

③焊接转盘。一个可旋转的圆片，里面填充浮石，有助于多角度焊接。浮石也有利于固定部分工件，保持热度（图2-22）。

④焊接辅助配件。主要有镊子、第三只手（有固定座台的弹力焊钳）、固定针、铁丝、三脚架等。因为焊接物件的形态多样，所以固定或绑定工件成为焊接前的必经之路，有些配件可以通过采购得到，有些需要自制。

镊子。焊接中的必备工具（图2-23），主要用于夹烧热的工件、焊料及调整工件位置，长度不短于150mm，有铁制、不锈钢制，但是普通的不锈钢镊子会粘焊料。目前市场上的钛合金助焊针则解决了这

一问题，可以推移焊料、工件等。

不锈钢反弹夹。长165mm，用于固定，两边有隔热胶片，嘴部有防滑齿，分弯头和直头两种。

第三只手（图2-24）。通过将部件保持在确切位置，以获得精确焊接的效果。使用灵活，可以在任意方向扭转、旋转和弯曲。可拆卸并替换不同的镊子。

固定针。不锈钢材料，针长38mm，适用于焊接支撑，主要与蜂巢焊瓦或浮石转盘相结合使用，也有利于垂直角度的辅助焊接（图2-25）。

铁丝。可用于缠绕捆绑工件，特别那些不易于用镊子固定的体量较大的工件往往需要铁丝辅助焊接，捆绑后需要将铁丝尾部扭成一束，

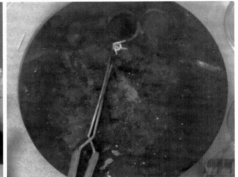

图2-22　焊接转盘、浮石及木炭

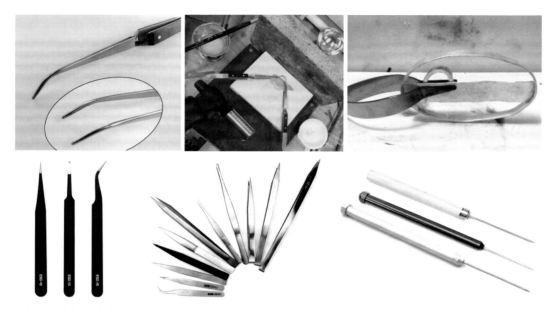

图2-23 反嘴夹、葫芦夹、镊子及钛合金助焊针

图2-24 各种造型的第三只手

图2-25 固定针及用法

使工件物件的连接更紧密。可以准备不同粗细的铁丝，以应不同需求。

三脚架。用于架高工件，便于下方加热焊接（图2-26）。

（2）事前准备

焊接前需准备的基本材料有银片、银线、焊料（药）、硼砂、明矾、水、各类夹具、焊接辅助件等。

①焊料（药）。不同的金属需要不同比例配置而成的焊料。黄金与K金的焊料是黄金、铜与银的合金，有时候也会加入锌或镉。银焊料主要以银与铜两种金属合成，比例为72%银加28%铜，但也会加入锌，以增强其流动性，更易于焊接。银焊料分高温、中温、低温、超低温等几种。焊料可以自己配置，也可在市面采购，形式主要有片状、条状、线状、粉状等。片状最为常用，厚度通常0.2~0.3mm，可以剪成细小的片状，在使用过程中尽量分盒装，方便选择。

焊料的使用有次序之分（图2-27），若同一物件的焊接点较多，则先用高温，再依次用中低温。高温焊料的延展性及韧性较好，主要用于第一步的焊接，如烧珐琅前的焊接，避免在烧制珐琅时金属的熔融；而超低温相对较硬，色泽偏黄，流动性也较慢，主要用于物件的修补及银、铜的焊接（表2-2）。

图2-26　铁丝和三脚架

图2-27　高、中、低、超低温焊料

表2-2　焊料的种类及熔点

焊料种类	含银量（%）	熔点（℃）	流动点（℃）	颜色	用途
高温	80	721	810	白	延展性、韧性好，作为第一道焊接工序
中温	75	740	787	白	
低温	70	690	738	白	相对偏硬，影响后续加工
超低温	65	671	718	微黄	适合修补及银、铜焊接

②助溶（焊）剂。助溶剂就像齿轮的润滑剂，用以辅助焊料的流动，更好地完成焊接工作。金属与火源大量的氧气接触会导致金属表面形成氧化物，影响焊料的流动，助溶剂的作用就是抑制氧化物的形成并将其分解，帮助焊接。市面上可购买的助溶剂有固态的、液态的、膏状的等（图2-28）。

固态的助溶剂是一种白色结晶，名叫硼砂（四硼酸钠），熔点高，黏性大，适合高中温焊接以及小面积焊接，可有效防止焊料过于快速地扩散。硼砂含47%的水结晶，加热时会呈现膨胀、起泡的现象，导致小片焊料的移位。硼砂使用时可以直接粘取，也可以加入水，调制成乳状，找一只细小的毛刷涂在被焊的位置上。液态的助溶剂是用硼酸溶液和变性酒精配置而成，装于有喷头的小瓶子中，用的时候喷洒于物件表面即可，与硼砂相比的优势是不易移位。膏状助溶剂则是由浓度较高的硼砂制成，作用与固态硼砂相似。

（3）方法步骤

一种金属连接的过程，经过高温加热使焊料融化，待冷却后实现金属材料之间的连接（图2-29）。焊接通常有点对点、面对面、线对面、点对面等不同的焊接方式，也可根据金属物件的设计构造确定焊接的顺序。具体焊接步骤如下。

①清理金属表面污物，避免在焊接过程中阻碍焊料的流动。化学物质用酸洗，其他物质可用细砂纸、铜刷、超声波清洗机清洗。

②焊接部位的紧密结合，用锉刀或锯弓修整待焊接的部位，越贴合，焊接痕迹越不明显。此处可运用葫芦夹、反嘴钳、第三只手等辅助工具，摆放好位置，便于焊接。

③在待焊接部位涂上硼砂或助溶剂，并将焊料摆放于合适的位置，同时覆盖助溶剂。一般来说，金属部件越贴合，所需的焊料越少，如果焊接的部位较长，则需要平均放置几片焊料，但也要根据金属物件的厚度稍作增减。

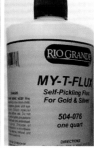

图2-28　硼砂、助焊液、助焊膏

图2-29　焊接过程

④焊接温度的判断，温度及火焰的控制是焊接过程中最为重要的一个环节，可根据金属受热产生的色泽变化判断加热程度和焊接的准确性，最好不要对着阳光直射的地方，相对昏暗的环境更佳。

⑤焊接时先整体加热再局部加热，将火焰靠近焊接部位，手腕缓慢移动焊枪，观察金属物件表面色泽，比如银件表面呈现粉红色时则说明温度已达到熔点，如果持续加热会使金属熔化。这个过程需要反复练习，才能掌握焊料与金属的熔点。一般情况下，焊料会先熔成球状，再继续加热整体，便可完成焊料的流动，紧接着马上移开火焰，使其凝结成固态。

⑥焊接完毕后，待稍作冷却，置入溶液中清洗，去除表面残留的助溶剂。

图2-30~图2-33所示均为浙江理工大学学生课堂实践。

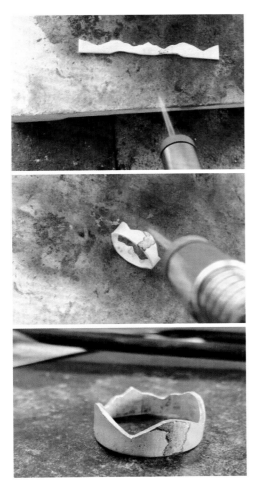

图2-30　基础戒圈的焊接实践

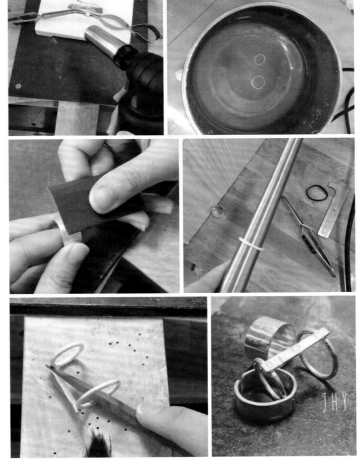

图2-31　双环戒指的制作（蒋浩雨）

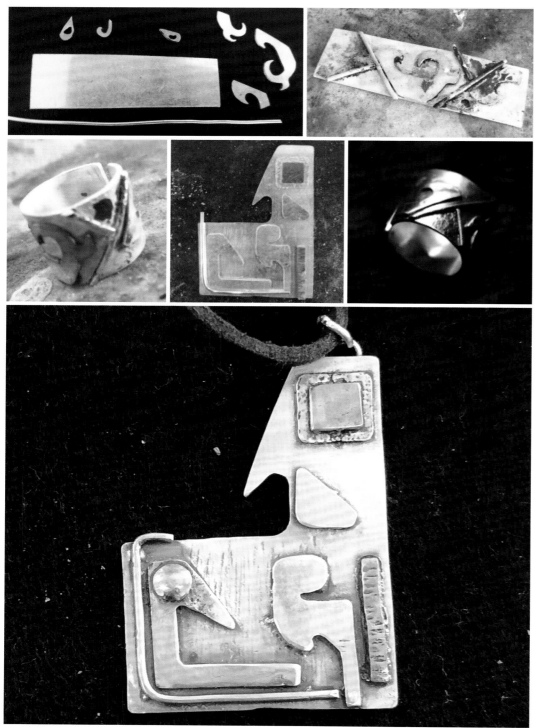

图2-32 龙纹饰品制作（麦燕瑜）

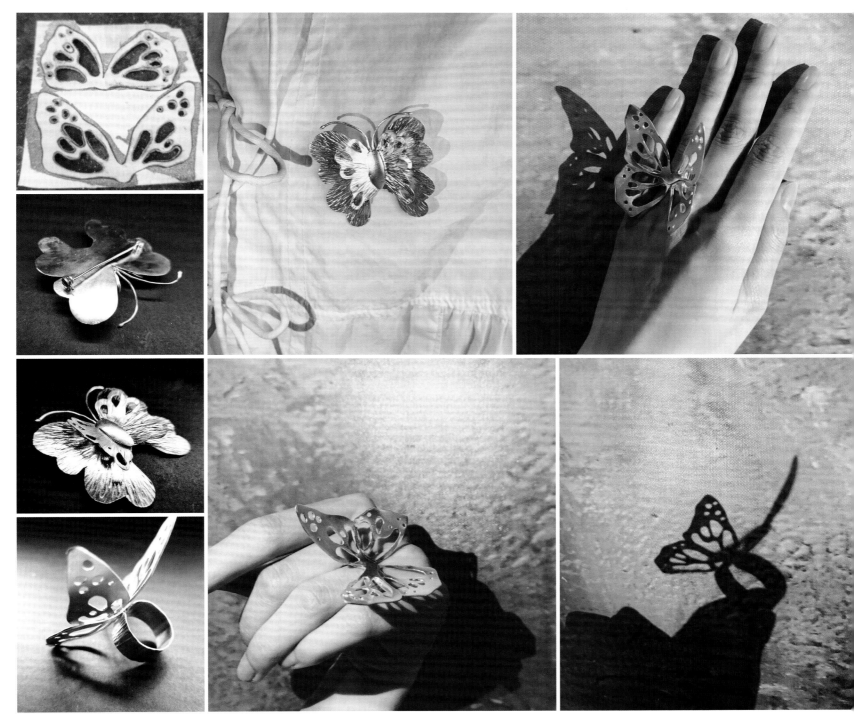

图2-33 蝴蝶戒指制作（虞苗苗）

4. 金属成形 Forming

金属具有较好的延展性，因此利用其特性，可以进行弯折、延展等技法改变其平面的状态，并向立体化转变。在成形的过程中要不断地退火、淬火，方能使金属处于可造型的状态，如果多次造型而未进行退火处理，则会造成金属硬化、脆裂的现象。金属锤的锤头有不同的大小、形态、重量之分，不同的工件应选择不同的类型，正确使用合适的工具，确保不破坏金属表面。比如，木槌或牛皮锤、橡胶锤，质地较软，操作时不易留下痕迹，但不能用于延展金属和使金属变硬；圆头锤可在金属表面留下球形的效果；小首饰锤可使银线变硬；普通平锤可以敲击窝作或折叠金属。

基本工具有各类锤子（木槌、橡胶锤、牛皮锤、圆头锤、尖头锤等）、各类剪钳（圆嘴钳、尖嘴钳、平嘴钳、斜口剪钳、金属剪刀、拔丝钳等）与各类铁砧（圆形窝砧、随形铁砧、方铁、戒指棒、手镯棒等）（图2-34）。

其中最重要的工具为钳子，英语中把手钳称为"Pliers"。把这些分叉出来的钳头、钳口称作"Nose"。每种钳子的"Nose"都有不同的大小和长短（图2-35），这些不同形态的"Nose"也就致使每种钳子的特性不同，可根据自己的需要来挑选相应的尺寸。通常情况下，首饰制作中最常用的手钳是平头钳、圆头钳、尖平钳、剪钳。

平嘴钳最大的特征是钳头内侧呈两个较大的扁平面，抓力大且握力很强，可以有效地将弯曲的金属线或小的金属片夹平，也常用于在制作绕线首饰时盘线。与尖嘴钳相比，平嘴钳钳口的矩形更容易在夹捏时产生尖角。当我们需要更大更平稳的力去夹紧加工部件时，便可以使用平头钳来达到这一效果。值得注意的是钳头顶部的厚度，顶部较薄的钳子可以将钳头深入更窄的部位夹取物件，而较厚的则相对更有力、更稳定。

圆嘴钳的钳头近似两个圆锥体，钳口形状光滑，不能很好地夹持物品。但确是制作金属线圈的必要工具，可以用它将金属线或金属片卷曲成不同的弧形。常见的短嘴款和长嘴款，钳头的圆锥体也有胖瘦之分（图2-36）。

尖嘴钳和平嘴钳有些相似，钳头内侧扁平，但头部较尖，可以将其伸到更细窄的地方夹取物件，还可以用尖嘴钳来折角。除了有短嘴款和长嘴款以外，尖嘴钳还有一种钳头内侧呈齿状的款式，可以增加摩擦力并更稳地夹住物体，但使用时要考虑是否会在被夹物体表面留下夹痕。

剪钳也叫水口钳或斜口钳，通常用来剪断金属丝。硬度高的剪钳也可用来剪掉注水口。这里说的剪钳是用来剪金银铜这类软金属的，硬质金属丝则需要用专门的剪钳。品质好的剪钳钳口刀刃非常锋利，因此也容易有缺口，造成后期使用不便，所以与其他钳子相比，剪钳的更换率更高。

除了上述四种必备的首饰钳，还有几种造型和功能都比较特殊的工具，如尼龙头弯曲钳、专用芯棒钳等。

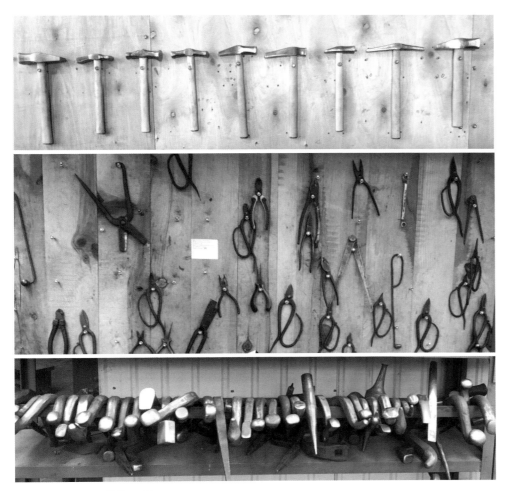

图2-34　各类锤子、剪钳及型铁

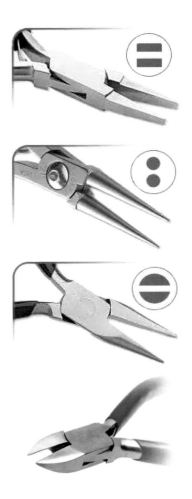

图2-35　各类钳子

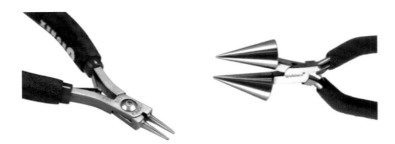

图2-36　不同大小钳头的圆嘴钳

4.1 弯折成形 Bending forming

借由工具或手使金属发生变形。在成形工作之前先将银片或银线做退火处理，使其变软更易于弯折。钳子是弯折的重要工具之一，特别是线材、宝石底座、戒环等相对较小的物件，如果不想表面留有痕迹，可以用皮、铜片或美纹纸等包裹钳嘴。相对较长较大的银片弯折时，需要借助成型砧及锤子，如直角弯折须使用方铁、羊角砧的垂直面、台钳等工具辅助。图2-37、图2-38所示均为浙江理工大学学生课堂实践。

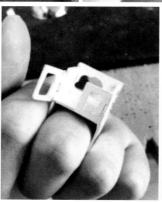

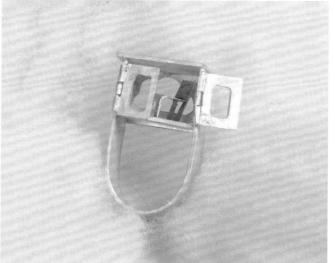

图2-37 弯折成形实践（盛晨妮《窗》）

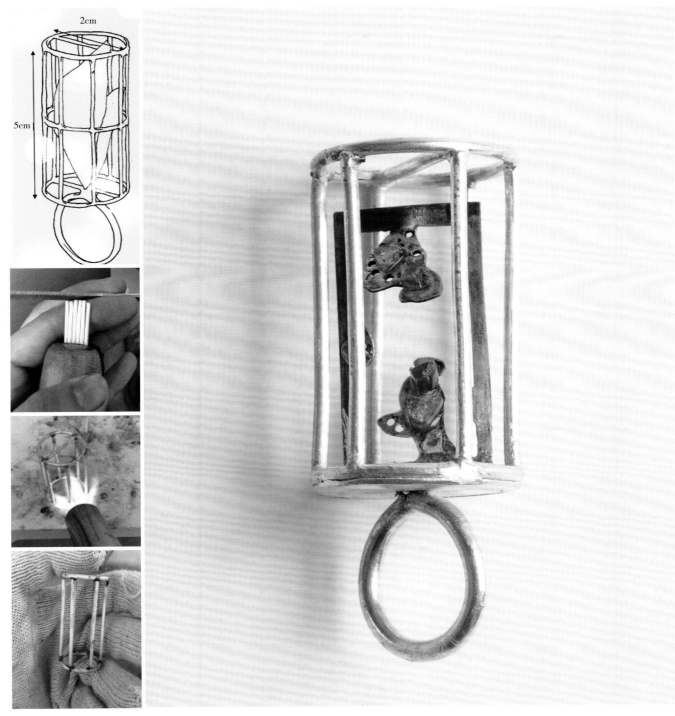

图2-38 线材成形实践（方靖怡《鸟笼》）

4.2　凹面成形 Concave forming

敲击金属片材使其呈现低凹造型，模具可以是木头、牛皮垫或窝砧（图2-39）。圆球体的成形是依靠一个具有半圆凹形的钢模和球头冲相互作用加以成形。下面以空心球形的制作为例。

先将片材剪切出一个圆形或适合图形；也可以使用圆形冲片器（图2-40），辅助切割规定尺寸的圆片，虽然能快速切割出圆片，但会受固定尺寸的限制。

接着以半凹窝砧为母模，配合球形冲和锤子，使用时从较大的凹形逐渐换到较小的凹形，期间金属硬化后需要反复退火，直到敲击成半球形。

随后将半球体的边缘磨平。

最后将两个半球形焊接在一起就能制作出一个空心球形。需要注意的是封闭空间的焊接要留有出气孔，避免加热时内部压力过大导致物件弹出。图2-41、图2-42所示均为浙江理工大学学生课堂实践。

图2-39　窝砧

图2-40　圆形冲片器

图2-41　凹面成形实践（叶舒扬《水仙》）

图2-42 空心球成形实践（余奇琦《水泡》）

4.3 球的成形 Spheroid forming

将金属边角料或线剪成细小、同等大小的片状，置于焊接台面上，可以选择木炭作为焊台，然后使用火枪整体加热，直至金属片熔成球体（图2-43）。如果要做出正圆的金属球，可以用合适尺寸的窝錾在木炭上敲出一个小窝，在窝里熔融珠粒；若不在窝里熔融，会出现珠粒底部较平的情况。

关于金属球的制作，也叫金属珠粒工艺，英文名"Granulation"，又名"炸珠""粟纹工艺"。据记载，早在公元前1世纪，炸珠工艺就已经广泛应用于珠宝制作中。后来，印度珠宝工匠把这项技术发展并传承了下来，时至今日我们仍能见到大量的印度手工艺品运用了炸珠工艺。关于该工艺的专业说法，即通过熔融的方法，把圆的或其他形状的金属颗粒焊接到金属胎体的表面。金属珠粒可以组成各种图案、线条、造型等（图2-44~图2-47）。

除了炸珠工艺，线球的运用也很广泛。先找到一根银线，用镊子夹住银线的中下端，一般来说银线和镊子要成垂直状态，用火枪对着银线的尖部加热，直至融化成球体。在融化的时候观察球体的大小变化，加热时间越长，银线熔化的越多，线球的形态越大。

4.4 环的成形 Ringlike forming

准备适合长度的银线，并用拉线板拉成合适的粗细。将金属丝绕于适合粗细的圆棒上，然后取下，可以用锯弓切割，也可以用线剪将其剪断。并用平嘴钳将开口处合拢，最后完成焊接（图2-48）。

图2-43 金属在木炭上熔融成球

图2-44 美国金匠约翰·保罗·米勒（John Paul Miller）的作品

图2-45 比利时艺术家胡克·大卫（Huycke David）的作品

图2-46 卡地亚珠粒工艺猎豹装饰腕表

图2-47 赵丹绮教授的粟纹工艺作品

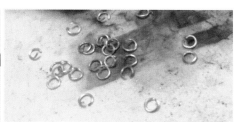

图2-48 圆环的制作

5. 表面肌理 Decoration

金属表面质感和图案的形成有很多不同的方式，包括敲打肌理、吊机刮削、碾压图案、材料组合、高温烧皱、化学腐蚀等。

基本工具及设备：压片机、吊机、各类机针、各类锤子、织物面料、线、纸等各种有趣的物件。

5.1 压片肌理
Tabletting texture

压片机是金工工艺不可或缺的设备，通过两个滚轴的碾压，制作出不同厚度的金属材料，也可以使扭曲的金属片材更平整。由于金属的延展性，压片机使用"三明治"方法将图案转印于金属表面，即上下两面为金属片，中间为镂空图案、线材缠绕、织物面料等可创造性材料。以下图示为浙江理工大学学生课堂实践。

①寻找各种线材、纸、织物等各种材料（图2-49）。

图2-49 材料收集

②选择合适大小厚度的金属片材，通过压片作用使金属片材产生肌理效果，值得注意的是金属不宜太厚，而选择的材料肌理的接触面越大、肌理效果越好，同时也和压片的强度有关（图2-50）。

③运用纸、织物、线条等材料压片而成的肌理（图2-51）。

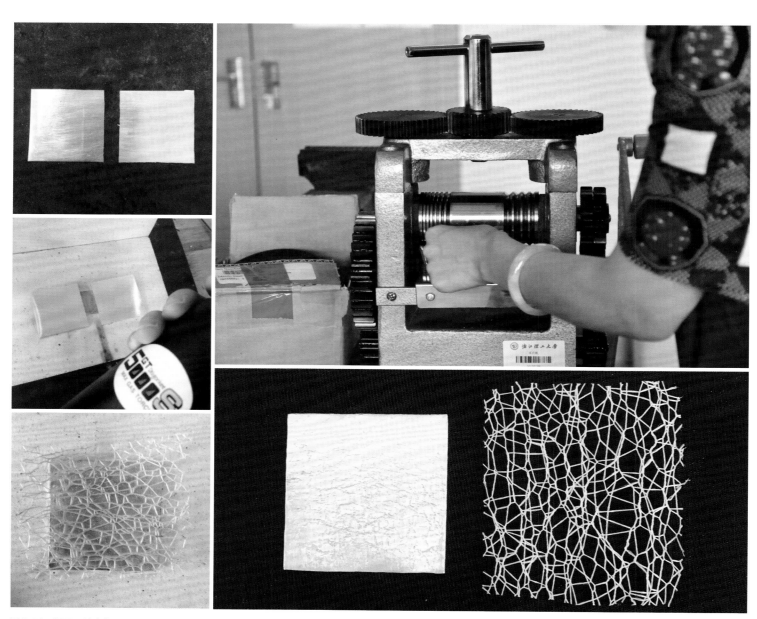

图2-50　运用压片产生肌理

图2-51

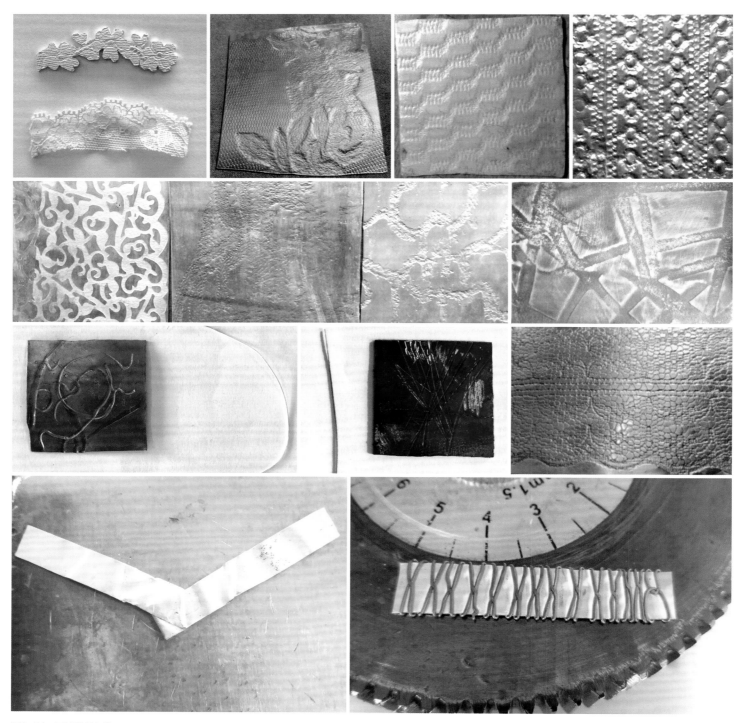

图2-51　压片肌理实践

5.2　敲打肌理 Tapping texture

将金属放置于方铁上，利用金属的延展性，以锤打的方式作用金属表面（图2-52），金属受力产生凹凸纹理，不同的工具、力度、方式都会产生不同的肌理效果（图2-53）。如果不确定图案肌理是否适合某种胚料，可以先用一块卡片材料或铝片进行试验。

这种由手工制作的肌理效果完全是独一无二的，每一件都不相同，使得金属摆脱酷冷的外在，增添了人文的温度。类似传统金银加工的锤揲工艺，对坯料施加压力，不断重复捶打、敲击的一连串动作，使其变形直到器形和纹饰成型。使用锤头敲击金属表面自然留下的痕迹，带有一种特殊的吸引力。

图2-52　运用不同的锤子敲打出不同的肌理效果

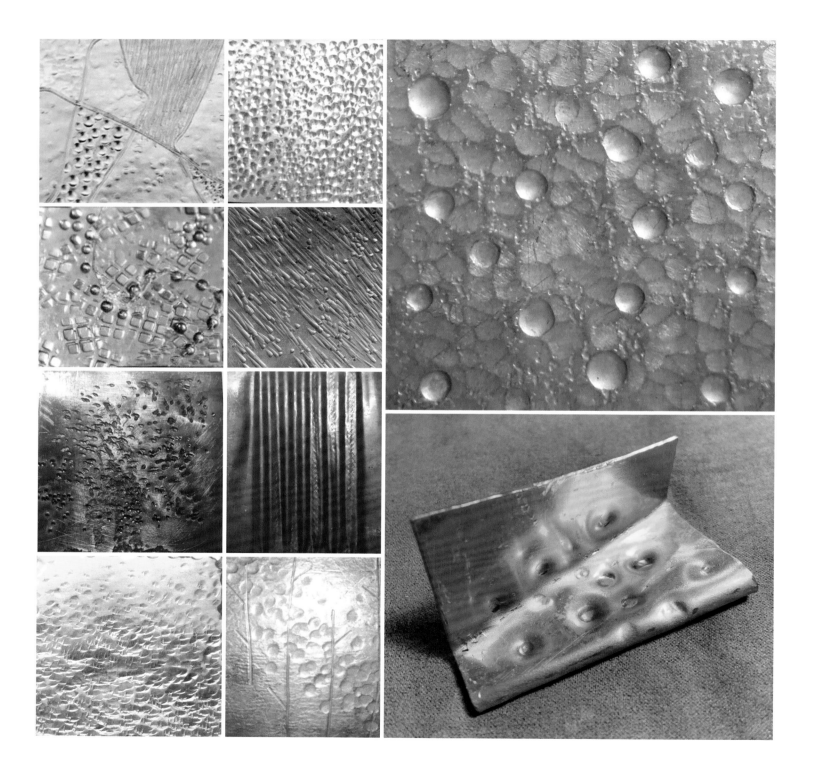

图2-53 敲打肌理实践

5.3　刮削肌理 Scrape texture

利用机针在金属片上进行刮削处理（图2-54），使金属表面出现凹坑的肌理效果，让首饰更具有层次感与立体感。通常机针都是配合吊机使用，安装在打磨机头中的是各类针头，形状各异，削刮出的肌理组合也各不相同（图2-55）。

图2-54　刮削的过程

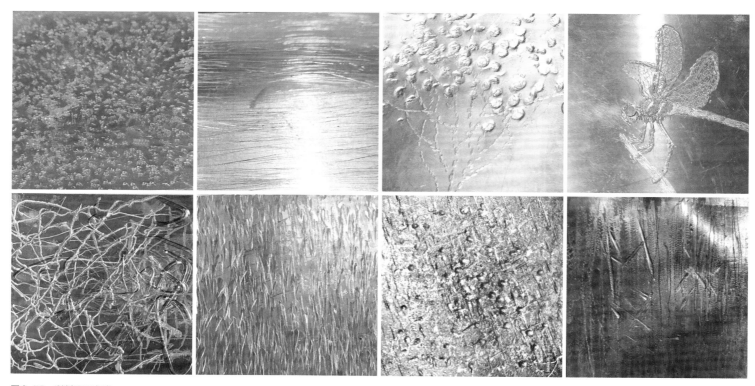

图2-55　刮削肌理实践

5.4 肌理的综合实践
Comprehensive practice of texture

在肌理的实践过程中，也会根据设计的需要和金属语言的表达，综合运用，以达到作品效果（图2-56）。

图2-56 肌理组合实践

5.5　肌理转化实践 Practice of texture transformation

通过对肌理形成过程的了解和实验，使学生掌握基本方法，但是肌理的形成存在许多的可能性，也可以产生更多创新的设想。课程设置时，可以要求学生课外采集各类花草植物（图2-57），观察表面的纹理、触感、形态变化，并将这些肌理感转化成一件首饰。比如，运用敲打、扭曲、压褶、焊接、叠加等方式处理并呈现"自然的痕迹"（图2-58）。

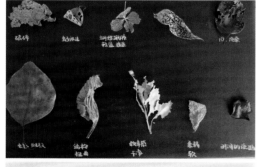

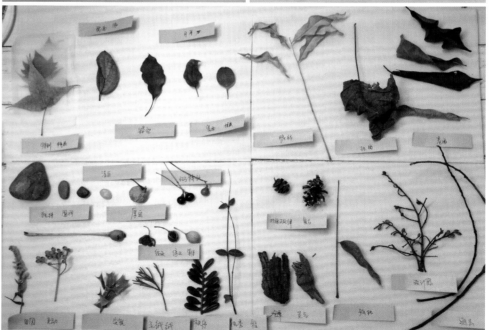

图2-57　植物采集与分析

图2-58　根据自然形态而制作的肌理戒指

6. 宝石镶嵌 Stone setting

宝石与金属托的结合形成了具有较强的装饰效果的首饰。宝石材质与形态多样，因此需要不同的镶嵌技法，宝石有弧面型、刻面型、异型等，镶嵌方式也有包镶、爪镶、轨道镶、蜡镶、无边镶等。课堂上一般要求学生重点掌握爪镶和包镶。

6.1 包镶 Bezel setting

一种通过推压立起的金属边将宝石的腰围包裹起来的方式，所镶宝石多为弧面型，包裹的部分也较多，因此也是最为牢固的镶嵌方式。镶口主要由金属边和底座构成，可分半包镶和全包镶，镶嵌的金属边样式多变，也使首饰设计实现了多元化。包边的厚度要根据宝石的大小和包边形式而设计，一般来说，用于包镶小型的、椭圆素面宝石的金属片厚度为0.3mm。对于初学者来说，一般选择999银包边，同时运用高温焊料，以便后续焊接工序的开展。

具体操作步骤如下。

①根据设计稿按尺寸在银片上画出要切割的大形状，并预留焊接边缘。

②用内卡尺测量宝石包镶的高度，软尺量取宝石底部周长，锯切一条较宽的银条，并压片使其厚度在0.3mm左右。随后把它卷到宝石腰围上，根据长短剪断，调整至完全箍住宝石，并焊接成圈状。如果包镶条有款式的设计，则可以先进行切割。

③圈口可以用钳子弯成不同的形状，以适应宝石。圈口不能太紧，不能强迫填石；也不能太松，不易包住宝石，要完全贴合宝石。

④圈的底部要锉磨平整，然后根据焊接步骤完成焊接。如果宝石是透明的，则需锯掉底部大部分的金属，使其透光；如果宝石本身较薄或者较扁，有时候需要在底座上加垫片，以托高宝石。

⑤镶嵌的时候，圈口底托可以用戒指棒或万能夹固定工件，可以配合白火漆使用，不易磨损工件。

⑥在检验镶石是否合适时，可以用一条光滑轻薄的面料垫住宝石，以免宝石卡住底座无法取出，面料恰好可以解决这个问题；如果底部有镂空则不存在这个问题。

⑦所有焊接步骤完成后，抛光、清洗工件。

⑧最后一道工序为镶石。镶嵌时不能敲击或刮磨宝石，否则会发生裂、花的现象。选用合适角度的推刀或錾刀（图2-59），不停地变换位置，让圈口边沿完全吻合。

⑨包镶的圈口还可以焊花丝、珠子等作为装饰。根据需要，可以用玛瑙刀、抛光棒或砂纸做细部的修饰。

图2-60~图2-69所示均为浙江理工大学学生及教师课堂实践。

以《生命的复制》作品为例（图2-62），具体制作过程如下。

①提前将厚银片用压片机压薄，放在四方窝作上敲窝，形成半圆，制作出两个半球体后，将两个半球体的连接部分打磨平后焊接起来，完成球体制作。制作出两个大小不一的球体后等待备用。（球体上需要穿个小洞，目的是为了后期加热散热，防止温度过高爆炸。）

②切割好规格尺寸的长条片等待备用。指圈片加热冷却变软后，用铁棒圈圆，将两端锉平使其紧密

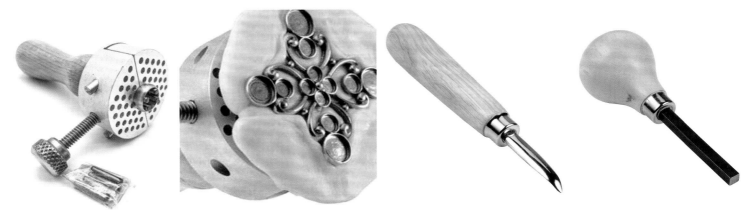

图2-59　镶嵌工具：万能夹具、白火漆、宝石推

贴合，然后焊接，粗打磨。将切割好的两个小短片处打磨，相靠形成三角形，连接处锉平焊接好，再将其焊在指圈上。接着将焊好的底部三角处尖角锉出一个小平面，将天平的"秤"条对称焊在此平面上。

③量好宝石的高度，取其大约三分之二的高度，裁出宽度为这个高度的长条，长度为宝石外围的周长，加热冷却变软，圈出宝石外围的形状，连接处打磨使其紧密贴合并焊接好。下一步将圆环贴合球体的部分打磨出弧线，目的是为了能完美贴合在球面上使其更好焊接。焊接完成后，其余两个宝石托制作

过程同上。

④前期制作过程结束后进行后处理，先粗打磨平滑，将半成品放入明矾中煮几分钟，取出后放入抛光机中清洗，最后进行手动细抛光。将宝石放入宝石托中用推刀包镶固定，完成制作。

根据宝石大小确定包边的长度与厚度，海洋石大小为20*14mm，选择包边厚度0.4mm。

图2-60

通过退火、淬火，使金属软化，并打造平直的包边条，以便包裹宝石。

焊接包边条，使其能与宝石完全贴合。

制作宝石底座，根据款式需要选择是否镂空，如果宝石为透明的或者底部有图案的建议镂空，一是可以减轻重量，二是可以透光、体现更为通透的宝石形态。

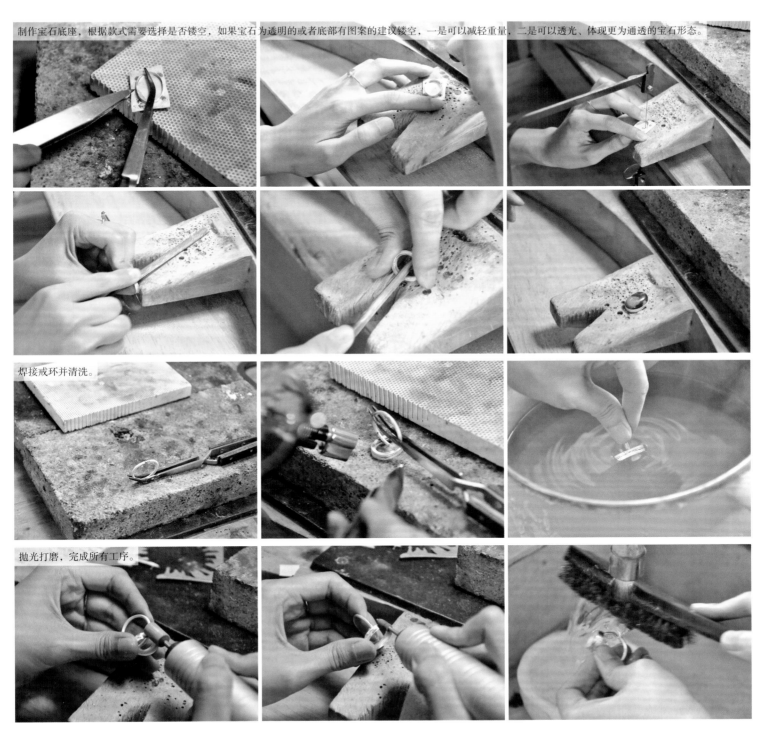

焊接戒环并清洗。

抛光打磨，完成所有工序。

图2-60

用宝石推按压包边条，使其受力托住宝石，完成包镶工艺。

图2-60 包镶实践

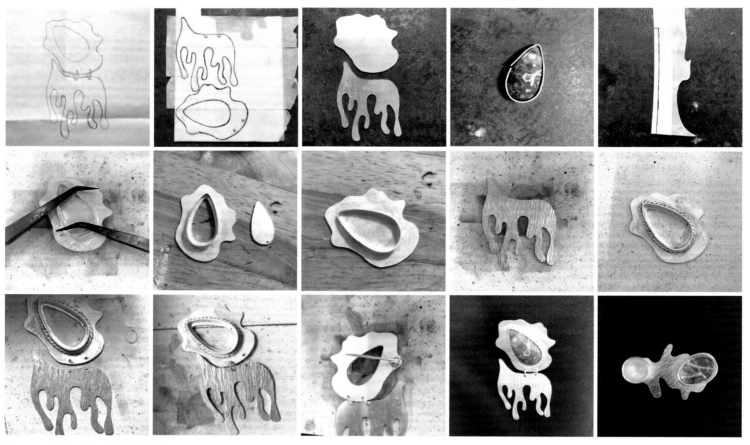

图2-61 包镶实践（覃梦甜《流动》）

图2-62　包镶实践（余奇琦《生命的复制》）

图2-63　包镶实践（雷璐瑜《山海经》）

图2-64　包镶实践（麻艺溱《蝴蝶》）

图2-65　包镶实践（张晨《卷草纹的语义》）

图2-66 包镶实践（麦燕愉《复制》）

图2-67 包镶实践（作者《几只蜜蜂》）

图2-68 包镶实践（作者《青与白》）

图2-69 包镶实践（作者《gift》）

6.2 爪镶 Prong setting

指用金属爪扣住宝石的方式，适用于刻面宝石和弧面宝石的镶嵌，爪的部位较少，也增加了宝石的尺寸和透光度，如钻石的四爪镶、六爪镶就是十分经典的款式。因此爪镶也根据爪的数量分类，两爪、三爪、四爪、六爪、八爪等；爪的断面也有讲究，有圆形、心形、菱形等。根据宝石大小，爪的粗细也有所不同，大的宝石爪镶较粗，小宝石则用细爪。

把爪镶切成比实际需要长一点，底圈放置于软木炭上，用钳子使爪靠住底圈，插入木炭，这样可以便于焊接，也不会移位。素面宝石常用爪镶，只需把爪往里往下按压，就能镶住宝石，再将爪的顶部锉圆抛光。

图2-70～图2-72所示均为浙江理工大学学生课堂实践。

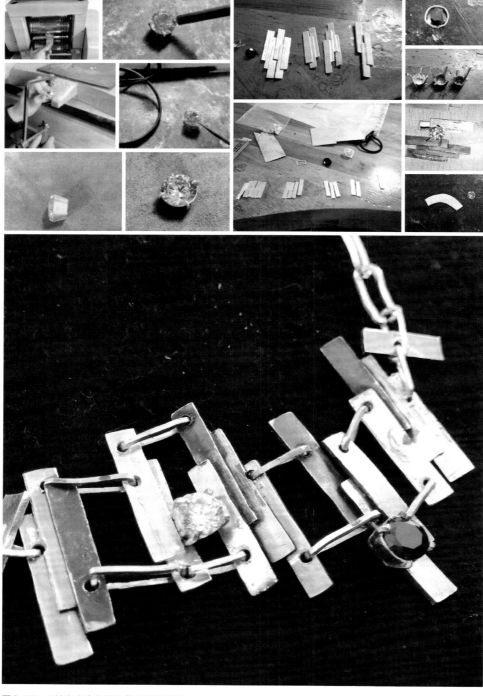

图2-70　爪镶实践（李筱娟《复刻音乐》）

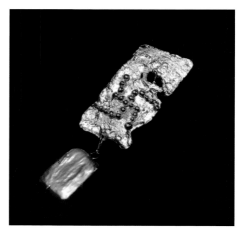

图2-71　爪镶实践（龚书瑶《万字纹》）

图2-72　爪镶实践（虞苗苗《无间》）

6.3　蜡镶 Wax setting

指使用蜡滴将镶石固定在镶口处，经过失蜡铸造的过程得到铸件。在工业铸造时，蜡镶主要取决于宝石的化学成分和晶体结构特征是否耐高温、是否会产生脱落或错位，这些都是在铸造过程中必须考虑的问题。课堂上仅作为工艺熟悉与实践之用（图2-73、图2-74）。

所需工具材料如下：

①手术刀，通过挖、切、削等方式去除蜡模多余的部分；

②焊蜡器，通过滴蜡的方式堆叠蜡料；

③钻针和波针，用于钻孔和扩孔；

④各类形态的蜡料。

图2-73　蜡镶实践（韩玥《嘀嗒》）

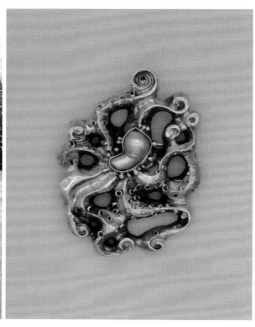

图2-74 蜡镶实践（笔者《章鱼》）

思考题

1. 结合实践，简述首饰基础工艺的流程
2. 结合实践，简述首饰中的成型技法
3. 结合实践，简述首饰中的表面装饰技法

第三章
CHAPTER THREE

综合实践
Comprehensive practice

 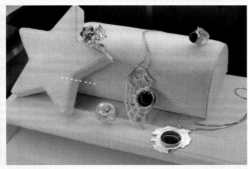 

课题名称：综合实践 Comprehensive practice

课题内容：1. 主题创作实验 Thematic creation practice

2. 传统转化实验 Traditional transformation practice

课题时间：56课时

教学目的：了解设计方法和流程；

了解综合工艺的应用

教学方法：理论知识讲解、多媒体课件播放、分散讨论与实践指导

教学要求：掌握综合的金工工艺；

掌握完整的首饰设计技法及细节处理

课前准备：设计主题的调研与资料的收集

"我的创作越来越不像标准的艺术，但我要求我的工作是有创造性的，想法是准确、结实的，对人的思维是有启发的，再加上一条，对社会是有益的。"这是著名当代艺术家徐冰教授的一段话，从中我们能深刻地感受到其对实验性艺术的探索。在西方，实验性首饰的理念在20世纪首饰的发展中早有体现，首饰设计和大艺术的结合深受当时立体主义、超现实主义、简约主义等现代艺术流派的影响。更有甚者认为首饰是造型艺术的分离，是佩戴于身上的造型艺术，是伴随人体的雕塑与绘画，是可佩戴的艺术品。这些活跃、开放且敢于打破传统概念、勇于吸纳多种设计理想的理念正是实验性艺术的体现，是对传统首饰设计及其限制范围的突破。

第一，突破传统概念设计，如阶级性、宗教性、贵金属材料的局限性等，倡导对多材质的应用及探索，讲求材质自身本质美和首饰设计语言美的有机统一。

第二，增强首饰与人之间的互动和交流，注重作品的内涵和启发性及人的想象空间，甚至给予人以听觉、嗅觉和触觉上的感官交流，追求物和人的合一。

第三，强调设计师个人艺术观念的表现，是个人对社会、自然、人生等精神层面的感悟，能够传递出一种情绪和文化内涵的艺术形式。

第四，追求视觉表达，融合特殊的加工过程和工艺技法。总之，与传统首饰设计相比，实验性首饰设计不仅仅注重审美表达，更关注概念与情感表现，是首饰自身价值和艺术价值的巧妙结合。

综合实践主要包括四个内容，从主题调研开始，通过设计思维提出设计观点，并运用不同的设计表达手法表现，选择合适的工艺，不断地实验，从而得出最终的产品。

这个实践过程是不断融合手、工、艺的过程，也是一种综合能力的训练过程。

（1）主题调研

首饰设计首先是去寻找作品想要表达的思想，即主题，将社会的、文化的、时尚的某些东西提取出来，再去寻找表达这种思想的合适手段与形式。也就是把提取出来的主题以艺术的风格附加到合适的载体上，再回到社会中，引起人们感情的交流。

设计理念是把握设计的脉点，也是设计出好的作品的根本。在常人眼里，首饰是一个装饰品，而对一个设计师来说，首饰是艺术。任何艺术作品都传达了一定的时代信息或关于那个社会的事情，艺术家们都追求在作品中表达一种思想和感情，它反映了某个特定时代的审美。所以设计师眼里的首饰不仅表现着精美的外表，更是在以一种无声的语言表达一种思想。可见首饰带有明显的时代烙印，它用自己的方式告诉人们它产生的那个时代人们喜欢什么、信仰什么，甚至进一步与人们交流那个时代的经济、政治和宗教状况。了解这一点对一个设计者来说非常重要。这要求设计者有深厚的知识底蕴，既了解历史以及其相呼应的著名艺术风格和作品的产生来源，又能敏锐地把握现代社会的脉点，了解这个时代人们的心理特征，才能捕捉到真正体现时代文化又被人们所喜欢的好作品。所以不仅要研究不同时代的首饰特点、主题来源及相应的社会文化（政治、经济）背景，还要深入探索现代社会的特点和相关文化的发展（如服饰文化、建筑文化、装饰色彩、消费心理等），从中寻找好的设计主题。

（2）设计思维

同理心（Empathy）：运用调研的方式，关注历史故事和社会现象，跳出"我"的主观视角，站在一个全局的、中立的、体验式的环境中，洞察他人的举动和需求，从而提出自己的思考，表达设计诉求。

需求定义（Definition）：确定某个问题或设计点，即一个设计指向，探究首饰与人们的关系、与历史社会的连接，进一步明确细化所提出的问题及关系。

创意构思（Design）：运用不同的方式或形式去转化、物化提出的问题，也可以运用抽象—具象—抽象或整体—局部—整体的思考方式进行头脑风暴，写下第一感受并逐步推进，结合所有的材料、观念，边动手边思考。

原型实现（Prototype）：通过各项实验，从草稿、概念模型、3D建模，到图案、材料及工艺的选择，构建产品原型。然后再回到第一点——设计述求的表达，这个过程离不开调研。可以根据作品形态，将首饰对着自己的身体进行比划、拍照、记录，也可以观察、记录他人穿戴作品时的感受，从而增强产品的人文意识和情感体验。

实际测试（Test）：反复考量，改良材料，当工艺不符时需要坚持妥协与精进，甚至要再回到起初的构思。因为所有的误差都是切实存在的，不用去回避这些问题，也正

因为有问题的存在，才会有设计创新的意识。

（3）设计表达

首饰设计方法涵盖如何进行设计定位、如何寻找设计主题和如何进行设计表达的全过程。设计定位和设计主题的确立涉及文化与理念的相关内容，而设计表达是设计者要掌握的技术手段，更符合以"方法"一词来表述。它是将好的设计主题与理念，通过动物、植物、几何形态及反映社会历史和文化的装饰图案、美术图案等形式，完美地、巧妙地表现出来。它包含以下三个过程。

选择和创造造型元素——是抽象和变象的过程，也是个性化的过程。不同的原始造型元素直接影响首饰作品的风格。

造型元素如何组合创造新的造型——是造型能力培养的过程。设计者要对原始造型元素进行变形与组合，还要考虑形态、材质和色彩三方面的表现。这里要应用设计的三大构成理论。

设计效果图的制作——包括立体图和三视图，是设计的最终展现。

（4）工艺实验

首饰从设计图到变成真正的产品还需要经过加工制作的过程。在首饰加工制作过程中所运用的技术、方法和手段统称为首饰制作工艺。它综合运用了金属材料学、有色金属及其合金学、材料合成与加工工艺、材料表面与界面处理、机械制造、应用化学及工艺美术等多学科的理论与方法，甚至运用了计算机技术。

首饰制作工艺学的任务就是以科学理论为指导，对首饰的历史演变过程进行提炼、概括和整理，对首饰的现代工艺进行研究、探索和开发，使首饰工艺学形成系统完整的理论，能够有效地解决首饰生产和使用中的实际问题。

因此，在学习基础工艺之后，需要引导学生尝试不同的实验过程。在原有的理论基础上，通过理性的分析，对所预期的结论做出一系列验证，而不是天马行空般的空想试验。课程中教授实验性艺术首饰的内容主要包括两个方面：一是主题创作实验，即自定义选题，可以是自然事物、可以是叙事记录、可以

是内心表达；二是传统转化实验，即以传统为出发点，需要对历史风格、传统工艺、造型元素等方面进行深入研究与思考，可以选一个方面模仿，也可以全盘创新转化。总之，要求学生综合运用金工基础工艺，通过不断实验的方式，完成作品的实践并记录整个过程。

本章节的所有案例均为浙江理工大学学生的课堂实践。

1. 主题创作实验 Thematic creation practice

首饰设计并不是一个从灵感直接到设计结论的过程，而是一个复杂且反复的流程。从确定一个主题、概念或者一段故事情节，并经过初期的广泛调研（包含信息搜寻、汇集和整理等），进而到从首饰设计的角度进行深入调研（包含造型和结构、选用的材料、表面肌理装饰、色彩、功能、细节、情绪基调、核心概念等）。主要有以下三个阶段。

第一阶段：观看——构建创作的逻辑推演；

第二阶段：临摹——通过训练开启创造性思维；

第三阶段：自我——由一个问题引发思考及解决方式。

（1）《遇见》——蒋凌曦

"有一日，看见这样不知名的花，好奇特，平面与立体很巧妙地融合在其中，好像走进了我的心里，于是，我想把这一刻记录下来。"该系列设计重点突出了花瓣的造型感和花卉带来的轻盈感（图3-1）。

戒指以一片花瓣作为设计元素，为了突出花带来的轻盈感，用到了可活动的旋转结构，并处理成有起伏的造型，让戒指看起来灵动不僵硬。在戒环上压了类似于树枝的粗糙纹路，与整体的氛围相融合。胸针，把花瓣整体作为主要的设计基调，同时更加突出花瓣之间的簇拥关系。用几簇花瓣组成外轮廓为三角形的胸针，并在胸针的下摆处加上了垂落的花瓣和链条，以增加整体的灵动性。为了增添点、线、面之间的节奏变化，在整套作品的每片花瓣上都敲上了纹路，并在中心位置焊上了大小不一的小银珠。

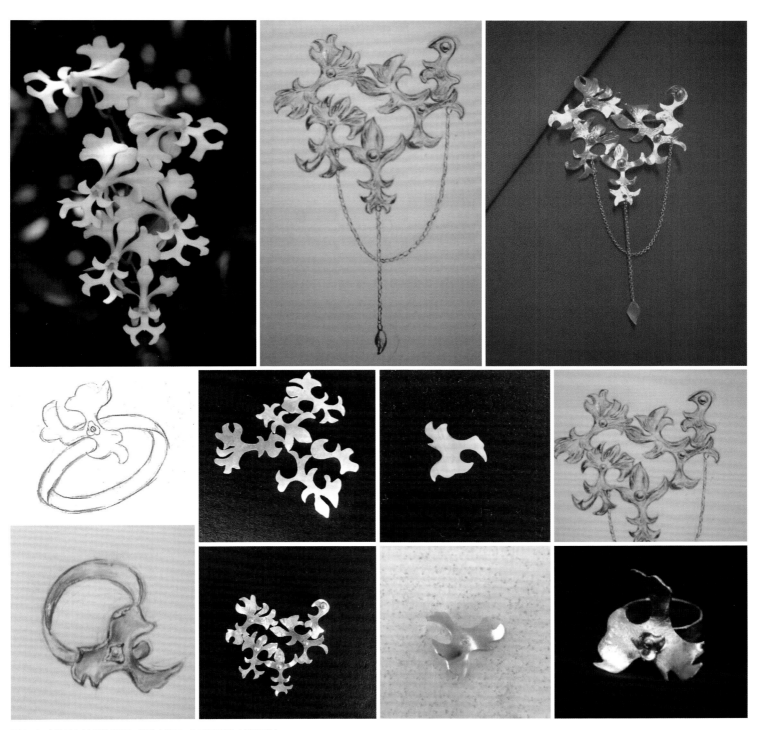

图3-1 《遇见》的设计草图、制作过程与成品佩戴图（蒋凌曦）

（2）《赏荷》——杨钰婷

各种形态的荷叶，或生长中的，或成熟的，或破败的，都有各自不同的存在形式。生命的不同姿态使荷叶上的露水更加晶莹剔透、更灵动，也让一片片荷叶充满了生机与故事。荷叶象征着纯洁、生命力，给人带来无限的生机和活力。当大大小小的荷叶漂浮在水面上时，它本身就形成了一种错落的美感，将这种错落有致的形式运用在首饰制作中，会给人一种古色古香的感觉。

做旧效果的复古荷叶胸针，采用不同的压片纹理，以做出部分荷叶破败枯萎的效果，与珍珠、银珠代表的露水交相辉映，产生对比，更能散发出露水的灵动感与晶莹剔透的生命力（图3-2）。

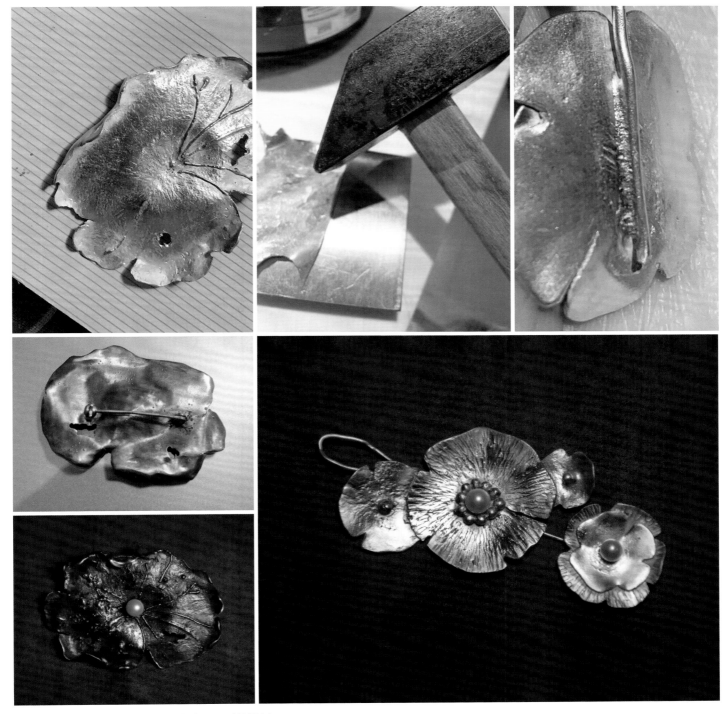

图3-2 《赏荷》的设计草图、制作过程与成品展示（杨钰婷）

（3）《山景》——韩玥

连绵起伏、层峦叠嶂的山脉总是会给人以无限的灵感，厚重、起伏、变化、虚幻。尤其从国画山水中寻找灵感时，发现国画山水讲究写意，笔墨浓淡不一且大量留白，营造出了山脉虚无空灵、气韵层叠的意境。

该系列采用山的轮廓作为耳环的整体外形，同时借鉴其他首饰艺术家的设计手法，将三片"银山"不重叠地处理成三层，从而大大增加了耳环的层次感，体现了山的连绵起伏、层峦叠嶂。在表面还制作了敲击纹理和做旧效果，从而进一步呈现出山的层次感。戒指的轮廓依然采用山连绵起伏的外形。戒指分为两层，上面一层切割出树的形状，下面一层做旧，突出树的轮廓的同时增加戒指的层次感。此外，边缘装饰点缀珍珠，用以指代月亮，运用了珍珠镶嵌的手法（图3-3）。

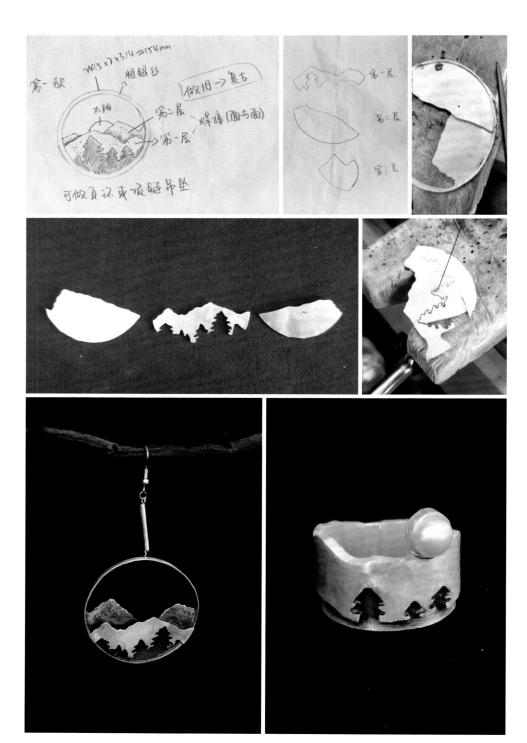

图3-3 《山景》的设计草图、制作过程与成品展示（韩玥）

（4）《叶片》——张耀丹

"自然的叶片或柔或刚，就像自己的内心世界。"该设计采用了各类叶片的组合，如枫叶、柳叶等，整体造型自然生动；用珍珠作为其间的点缀，坚韧而又颇具一丝柔性（图3-4）。

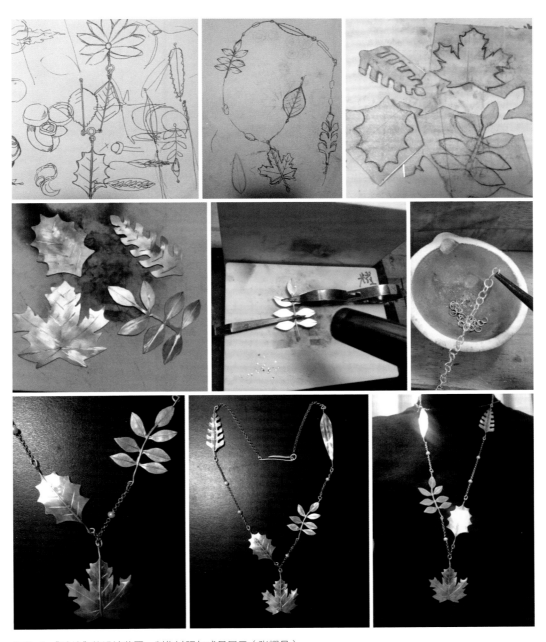

图3-4　《叶片》的设计草图、制作过程与成品展示（张耀丹）

（5）《尖锐》——蒋浩雨

"我经常写日记，记录日常，涵盖了自然景观、梦境、食物、运动等，这些物体有时候是真实的、有时候是虚幻的，也可能在某个时间是正面的、到了另一个时间却又变成了负面。我想这可能和人性有关。"

"关于人性的思考，时而圆滑，时而世故，时而柔软，时而尖锐；对于我个人来说，针锋相对的表象下也躲藏着一个需要呵护的自己。"图案和造型灵感来源于德国波恩设计师安德烈·布里茨（Andre Britz）的"Awesome"系列海报。通过将其中的图形进行重新排列组合，呈现出一种建筑的结构感，在锋利尖锐的几何轮廓下包裹着一颗柔软的、坚强的内核。创作手法上运用了切割镂空、打磨做旧和宝石镶嵌等金工技艺（图3-5）。

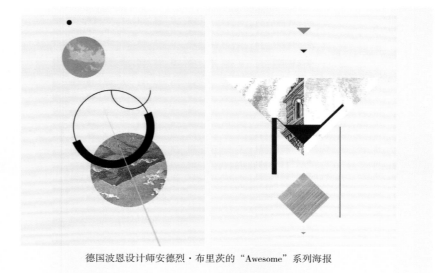

德国波恩设计师安德烈·布里茨的"Awesome"系列海报

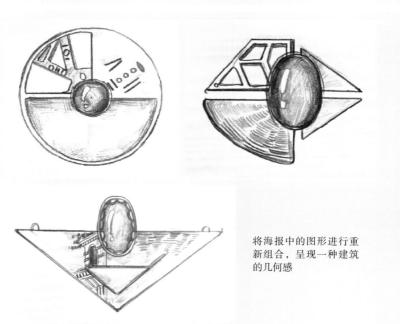

将海报中的图形进行重新组合，呈现一种建筑的几何感

焊接　打磨
切割　抛光

焊接　打磨
切割　抛光
硫磺皂洗黑做旧

图3-5 《尖锐》的设计草图、制作过程与成品展示（蒋浩雨）

（6）《蜘蛛网》——陈钰华

蜘蛛网遍布在世界上的每一个破旧昏暗的角落，它的组合方式密集有秩，可以说就是一只蜘蛛的艺术绘图，但却总是存在于一些不起眼的地方，如细细薄薄的丝羽，一拂就散，但是除去之后又会出现在一个新的角落。

蜘蛛网并没有掩盖住旧事旧物，而是在提醒人们，一些久远的回忆、一些过去的地方总会被人想起，旧物仍旧可以变得崭新、往事也依旧会被重提，网就是蜘蛛的诉说（图3-6）。

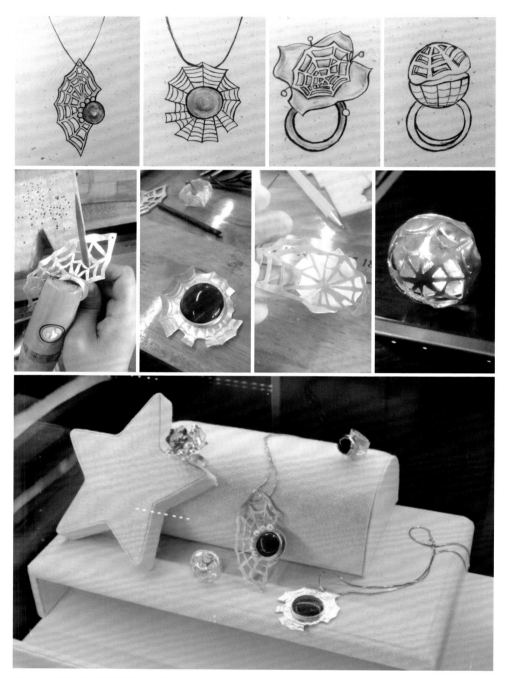

图3-6 《蜘蛛网》的设计草图、制作过程与成品展示（陈钰华）

（7）《荷花》——钱仲韵

三国时期著名文学家曹植在他的《芙蓉赋》中称赞道"览百卉之英茂，无斯华之独灵"，他把荷花比喻为水中的灵芝。陈志岁的《洞庭湖观挖莲藕》曾写道"霜天烟水深齐胯，脚探手扳通骨寒"。

盛夏的西湖边，开满了荷花，姿态万千，百看不厌。该系列设计便是将传统的荷花元素延续到当代的设计中，和古人一起品味这盛夏的荷景，做成系列首饰将古代的赏荷人与现代的佩戴者联系在一起（图3-7），在不同的时空，能看见相同的事物。

图3-7 《荷花》的设计草图、制作过程与成品展示（钱仲韵）

（8）《海浪》——李雨鑫

　　海浪一般会在龙纹之间，绣以五彩云纹、蝙蝠纹、十二章纹等吉祥图案。五彩云纹是龙袍上不可缺少的装饰图案，既表现祥瑞之兆又起衬托作用。红色蝙蝠纹即红蝠，其发音与"洪福"相同，也是龙袍上常用的装饰图案。在龙袍下摆排列着代表深海的曲线，这里被称为水脚。水脚上装饰有波涛翻卷的海浪、挺立的岩石，寓意福山寿海，同时也隐含了"江山一统"和"万世升平"的寓意。

　　该系列首饰通过研究海水江崖纹延伸来的寓意和相关纹样，提取其中对海浪的刻画方式，如水纹重叠的曲线、对浪花的留白刻画、曲线刻画的规律，等等，简化传统纹样的元素，使用动态的线条来展现（图3-8）。

图3-8　《海浪》的设计草图、制作过程与成品展示（李雨鑫）

（9）《故》——徐瑾懿

　　灵感来源于高中时期外婆毫无预兆地去世，以及对外婆的思念和没有好好陪伴外婆的后悔之情。回忆外婆的去世原因、与外婆一起度过的岁月，将这些元素融入首饰中，借此传达"子欲养而亲不待"的心境，希望大家珍惜亲情。叶文玲在其文集《故园寻梦》中写道："那街路，闪着青石板白石头的光泽，带着白石头青石板的响声，常常沉入我梦中。"让我不禁回忆起从前外婆家的砖瓦房、青石墙以及小时候在外婆家的生活环境，甚至在梦中与外婆相遇。

　　主题创作时选择外婆使用过的老瓷片进行再设计，给予旧物新的生命。同时尝试多种肌理的效果。作品表面带有的斑驳质感，反映出一定的历史感和厚重的情感（图3-9）。

图3-9

图3-9 《故》的设计草图、制作过程与成品展示（徐瑾懿）

（10）《胶带》——盛晨妮

灵感来源于对文具的喜好。"那些小而精致的东西，从小到大都陪伴着我的学习、生活；曾经流连忘返于各种文具店，收集那些可爱的物品能让自己感觉到快乐与满足。于是在做主题创作的时候，就希望可以把这些感觉'贴'在身边。"

首先想到的物品就是各式各样的胶带，可以把它们贴在日记里、贴在照片上，布满生活的角角落落。"这种非常随性的感觉让我产生灵感，胶带也可以灵活地运用到首饰里，自由组合，'贴'在身上，让物品与自己产生对话和交流，也让首饰不再只是首饰，而是一种自我认同的标签。"因此，"胶带"连接了被揉皱的"纸"，产生了一些奇怪但有趣的线条，并且可以做一些令人惊喜的组合搭配（图3-10）。

图3-10

图3-10 《胶带》的成品展示与搭配组合（盛晨妮）

（11）《DREAMLAND》

——蒋浩雨

随着"低头族"的出现，大家对于身边发生的事情的关注度越来越低。人们像是丢掉了灵魂的躯壳，迷失在这个世界中；每个人也越来越只关注于自我，而人与人之间越来越漠视。"于是，我想通过叙述梦境的方式来唤醒我们沉睡的灵魂。"

在主题创作时，该系列选择了梦境中模糊的元素，如镜面、沙粒、不确定的线条以及失重的感觉，希望多维度地展现梦境与现实的关联（图3-11）。

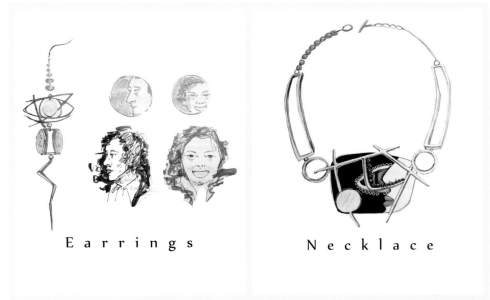

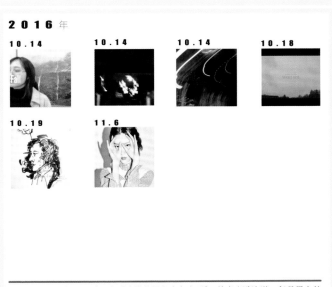

这是2016年3月5日~10月14日的我的生活。有关于毕业设计，有关于日常琐碎。像3月11号和12号是我发现灵感源的日子，并用该灵感图做微信头像做了好几个月。8月17日是为进一步收集灵感源拍的一系列照片。10月14日是去上海看展时拍的小巷子，温暖而有力量。这就是我融入了毕业设计的日常生活。

10月18日看了部电影《一个叫欧维的男人决定去死》，故事幽默诙谐；但是男主的很多细节，让我从电影开始哭到了结束。10月19日，我给亲爱的爷爷画了一幅画像，想用到毕业设计里面。11月6日，杜鹃依旧没有开通ins和微博账号。生活有时是枯燥的，若你是细心的人，必定会发现其中的乐趣。

图3-11

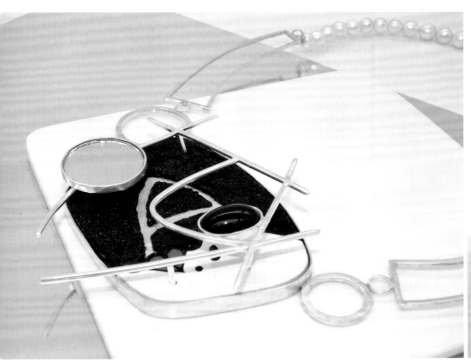

图3-11 《DREAMLAND》的灵感版、制作过程与成品展示（蒋浩雨）

2. 传统转化实验
Traditional transformation practice

人类的传统文化遗产是创造揭示人化自然的伟大结晶。从"自然的人化"到"实践的主体",深入探究传统文化在艺术设计中的审美感受和体验,引导建立一种认知传统的方法,有助于形成当代的创作语言。这需要大家用实际行动来弘扬中华美育精神,守正创新,把传统文化的优秀成分进行现代性转变、创造性发展;而如何在创新与继承之间找到符合当代性的关系,成为中国当代艺术设计教育领域一直亟待深入研究的课题。鲁迅先生曾写道:"采用外国的良规,加以发挥,是我们的作品更加丰满的一条路;择取中国的遗产,融合新机,使将来的作品别开生面也是一条路。"

第一阶段"文物",探究文物背后的历史与社会风貌,文化发展脉络,掌握理论研究的方法论。

第二阶段"定位",通过设计定位坐标图、设计思维导图、古今对照分类表等系统的专业训练开启创造性思维分析方法;

第三阶段"立意",学生依据问题的引导去找寻自己设计语言的诠释方式,确定自我主题,并掌握运用技术手段以实现设计,同时也掌握如何通过图像、视频、展示等方式讲述作品立意。

(1)《灵夔》——麦燕愉

传说中,龙能够腾云驾雾,吞云吐雾,有六只金光灿灿的爪,身如蛇一般灵动,头如马,能吸水,等等。强大的龙,能够保护着一方水土的安宁。千百年流传的古老神兽文明,能够庇护保佑人的身心……以银为本,再铸龙身;传递福报,祈愿成真。参照古代青铜器上的夔龙纹样,用现代的元素进行改良和概括,使得传统元素具有一定的发展性。整个作品为半立体造型,多种工艺结合打造(图3-12)。

夔龙纹

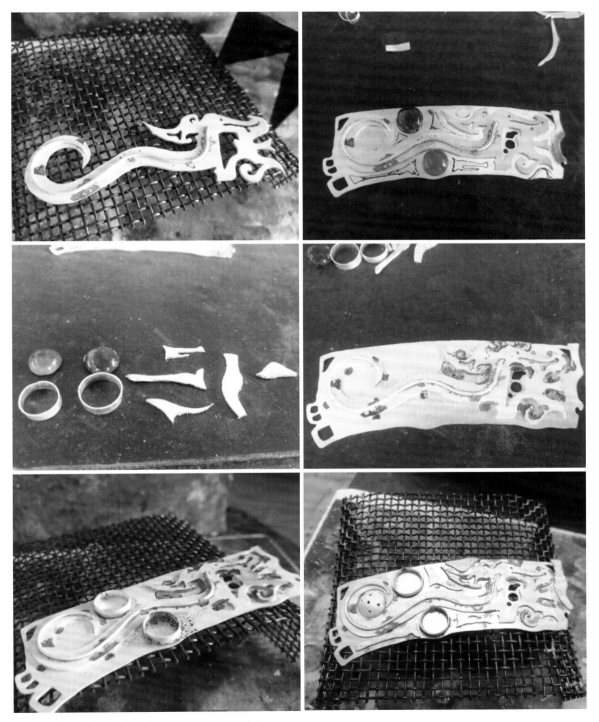

图3-12 《灵夔》的设计草图、制作过程与成品（麦燕愉）

（2）《流转》——韩玥

卷草纹"S"型的造型富有流动感，灵动自如。该特点引发了联想：其实在人们思考的时候，大脑就是这种状态，这就是为什么人们在想问题时，可以比喻成大脑在转。"我从很久之前发现，自己在思考时（通常是构思设计时）会习惯性地拿起一支铅笔，然后不自觉地画圈圈"——一种看似杂乱无章但又带着严谨思考逻辑的状态，以此设计了一款吊坠（图3-13）。

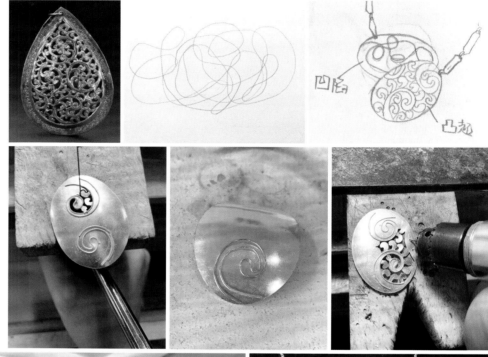

图3-13 《流转》的设计草图、制作过程与成品（韩玥）

（3）《**种花**》——蒋凌曦

宋代各朝皇帝都提倡"物从简谱""不得奢华"，因此两宋时期首饰风格多为朴实无华、平淡自然、清雅自然，重点注重造型、层次、美感。该系列设计考虑将宋时花筒簪的层次、空间进行当代的设计转化。

首先联想到的是容器，簪钗在佩戴时也有装饰之美、通气之效，其实也是装饰与实用的结合；其次借鉴宋时花卉瓜果的自然丰盛之美，体现出现代的形态。在制作的过程中，运用硫磺纸做造型实验，体现首饰的空间感，花卉以插入的姿态处于容器中，两者互为独立，又相互包含。采用锻造、焊接、冷连接等工艺，完成耳饰的制作（图3-14）。

图3-14

图3-14 《种花》的设计草图、制作过程与成品展示（蒋凌曦）

（4）《双生》——杨钰婷

灵感来源于《道德经》第四十二章首句："道生一，一生二，二生三，三生万物。万物负阴而抱阳……"该设计中的双生葫芦就犹如阴阳二气，相互交融。

中华民族自古有着一种特殊的思维方式——象征主义。每个成熟的葫芦里葫芦籽众多，人们就联想到"子孙万代，繁茂吉祥"，葫芦谐音"护禄、福禄"，人们认为它象征祈求幸福。

设计运用金工对葫芦的形态进行实验，希望体现出双生的相互依赖与交融，并从中提取传统文化寓意，营造现代的依存之感（图3-15）。

图3-15 《双生》的设计草图、制作部件与成品展示（杨钰婷）

（5）《吉祥福禄寿》——余奇琦

传统金饰件是将一些常用之物佩戴在身上方便使用，基本组成是镊子、挑牙和耳挖勺。除具有实用价值外，还常常被串联在一起，成为一种佩饰。该作品提取其中定义进行创新，并加入中国传统吉祥元素纹样，上方祥云纹样、下方福禄寿字纹，意在将吉祥佩带在身，保平安，求好运（图3-16）。

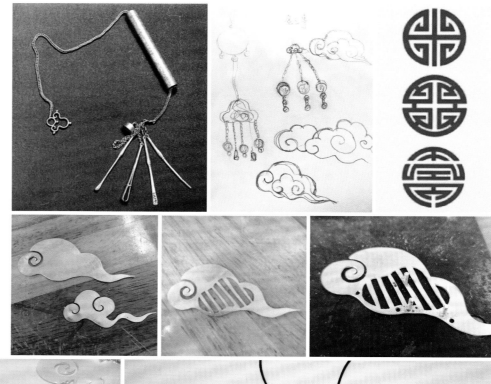

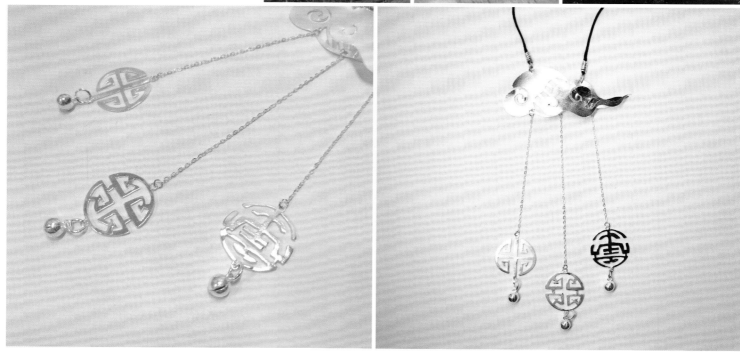

图3-16 《吉祥福禄寿》的设计草图、制作部件与成品（余奇琦）

（6）《蝙蝠的念想》——余奇琦

借用中国传统吉祥元素——蝙蝠（福），设计前收集了大量蝙蝠素材、中西方首饰中的蝙蝠元素。同时结合两款中国传统点翠首饰，简化其外轮廓，将点翠部分改为银板，点翠工艺通过切割方式转化。蝙蝠身体部分通过切割后叠焊在翅膀上完成，翅膀花纹用磨针在银板上雕出；翅膀上立体的小花改成银板塑形——敲凹再焊接在翅膀上完成；触角部分改成银丝弯曲焊接完成，最后将银熔融成小球装饰在翅膀上，背部焊上胸针的连接件，完成整幅蝙蝠胸针作品（图3-17）。

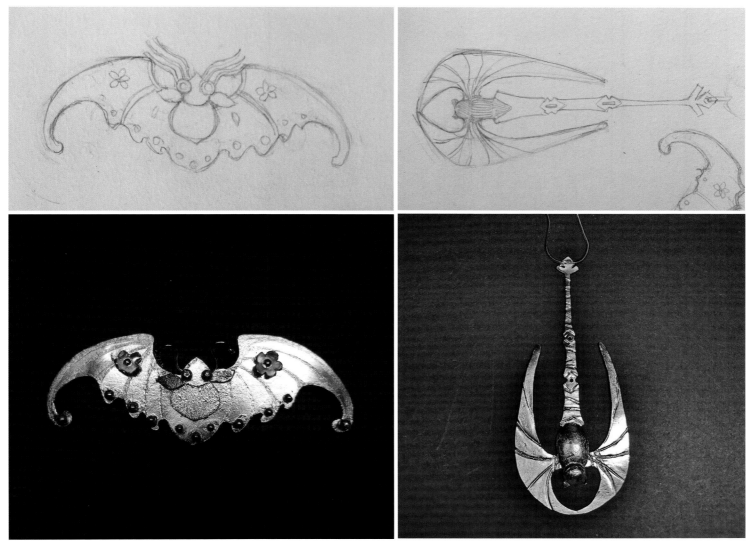

图3-17 《蝙蝠的念想》的设计草图与成品（余奇琦）

（7）《天生一对》——韩玥

凤钗中的卷草纹运用了"满地装"的装饰手法，往往能营造出繁缛富丽的氛围意蕴，具有强烈的时代特点和民族风格。透过它们，足以让人领略到唐代现实生活的五彩缤纷和文化艺术的欣欣向荣。

设计理念说明：在唐朝，卷草纹寄托了人们的情感，它的形象符合当时"求全、圆满"的时代特征，应用在凤钗中的卷草纹更是具有定情信物的象征意义。在现代，卷草纹则代表了大众时尚文化的自由精神，形象更加灵动、抽象。该作品结合了唐朝和现代的时代风格特征，并且延续了唐草纹在唐朝的功能性与情感寄托（图3-18）。组合佩戴象征圆满；拆分后由两人佩戴，则寓意情侣天生一对（图3-19）。

作品内涵及结构说明：象征情侣间相互扶持，两片颜色一黑一白，就像互相的"影子"陪伴左右。

①共两层片状；

②一片铜镀银，一片铜镀黑；

③利用乐高卡扣结构固定两片，实现自由拆分组合；

④两片之间有间距，增强立体结构感。

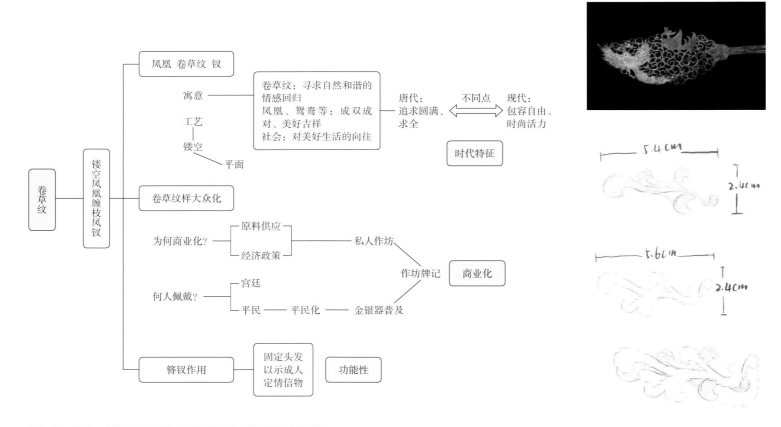

图3-18 《天生一对》的灵感来源、逻辑思维导图与设计草图（韩玥）

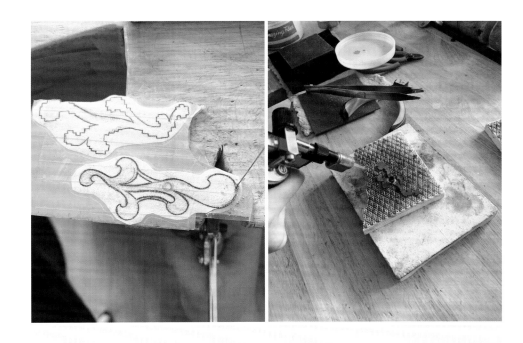

 思 考 题

1. 简述首饰设计的步骤和方法

2. 结合设计感想，简述首饰设计中的"手""工""艺"之间的关系

图3-19 《天生一对》的制作过程与成品佩戴图（韩玥）

参考文献 References

[1] 贡布里希.艺术发展史 [M].范景中,译.天津:天津人民美术出版社,2001.

[2] 周尚仪,赵菲.世界金属艺术 [M].北京:人民美术出版社,2010.

[3] 柳宗悦.民艺四十年 [M].桂林:广西师范大学出版社,2011.

[4] 杭间.中国工艺美学思想史 [M].太原:北岳文艺出版社,1994.

[5] 许平.造物之门:艺术设计与文化研究集 [M].西安:陕西人民美术出版社,1998.

[6] 扬之水.中国古代金银首饰 [M].北京:故宫出版社,2014.

[7] 扬之水.奢华之色:宋元明金银器研究(卷一:宋元金银首饰)[M].北京:中华书局,2010.

[8] 沈从文.中国古代服饰研究 [M].北京:商务印书馆,2011.

[9] 邱春林.中国手工艺文化变迁 [M].上海:中西书局,2011.

[10] 金克斯·麦克格兰斯.英国珠宝首饰制作基础教程:珠宝首饰制作原理、实践和技巧 [M].蔡璐莎,张正国,译.上海:上海人民美术出版社,2009.

[11] 任进,寇晓若.珠宝首饰设计基础 [M].2 版.武汉:中国地质大学出版社,2020.

[12] 伊丽莎白·波恩.国际首饰设计与制作:银饰工艺 [M].胡俊,译.北京:中国纺织出版社,2014.

[13] 郭新.珠宝首饰设计 [M].上海:上海人民美术出版社,2014.

[14] 赵丹绮,王意婷.玩·金·术 [M].台北:宝之艺文化出版社,2008.

[15] 胡俊,陈彬雨.金工记:金工首饰制作工艺之书 [M].北京:中国纺织出版社,2018.

[16] 刘骁,李普曼.当代首饰设计:灵感与表达的奇思妙想 [M].北京:中国青年出版社,2014.

[17] 邹宁馨.珠宝首饰设计与制作 [M].重庆:西南师范大学出版社,2009.

[18] 马克·阿特金森.时装系列设计拓展与创意 [M].于杨,译.北京:中国青年出版社,2013.

[19] 西蒙·希弗瑞特.时装设计元素:调研与设计 [M].袁燕,肖红,译.北京:中国纺织出版社,2009.

[20] 特里·李·斯通.如何管理设计流程:设计执行力 [M].刘硕,译.北京:中国青年出版社,2012.

[21] 辛华泉.形态构成学 [M].杭州:中国美术学院出版社,1999.

[22] 舍尔·伯林纳德.设计原理基础教程 [M].周飞,译.上海:上海人民美术出版社,2004.

[23] 周至禹.过渡:从自然形态到抽象形态 [M].长沙:湖南美术出版社,2000.

[24] 戴云亭.材料与空间展示 [M].上海:上海人民美术出版社,2005.

[25] 安娜斯塔尼亚·杨.首饰材料应用宝典 [M].张正国,倪世一,译.上海:上海人民美术出版社,2010.

[26]Marthe Le Van. The Penland Book of Jewelry[M]. New York: Lark Books, 2005.

[27]Hesse, Rayner W. Jewelrymaking Through History: An Encyclopedia[M]. New York: Greenwood Press, 2007.

结语 Epilogue

　　浙江理工大学自2012年开始建立首饰实验室，我们借鉴国内外高校的教学模式，结合传统工艺文化，融合文化、市场、科技，构建了一套特色鲜明的现代首饰金工教学体系。八年的建设时间，课程从名称到内容，也在不断调整、不断修改完善，从金属锻造到首饰工艺基础，再到首饰金工基础，课时从48学时到64学时，学生人数从近30人调整到15人左右，教学方式也随之不断更新。尽管我们已经积累了一些经验，但是还有许多方面需要学习和继续补充。

　　本书的图片大部分来源于授课期间的学生作品，部分图片来源于首饰专业的老师及朋友们，在此也对提供技术信息、提供图片和首饰实物的同仁们表示衷心的感谢！

作者

2020年5月